Excel 누구나 하는 보건통계분석

이주행 · 최경화 지음

Excel 누구나 하는 보건통계분석

2021년 3월 10일 1판 1쇄 박음
2021년 3월 20일 1판 1쇄 펴냄

지은이 | 이주행 · 최경화
펴낸이 | 한기철

펴낸곳 | 한나래출판사
등록 | 1991. 2. 25. 제22-80호
주소 | 서울시 마포구 토정로 222, 한국출판콘텐츠센터 309호
전화 | 02) 738-5637 · 팩스 | 02) 363-5637 · e-mail | hannarae91@naver.com
www.hannarae.net

ISBN 978-89-5566-247-4 93310

이 책은 의학 및 보건학 분야 종사자들이 통계학의 높은 문턱을 넘기 힘들어 시도조차 하지 못할 때 첫걸음을 뗄 수 있도록 도움을 주고자 기획되었다. 이 책의 가장 큰 특징은 실제 연구 수행을 할 때 도움이 되도록 연구 질문을 설정하고, 데이터를 활용하여 분석하고, 그 결과를 결과표에 그려 넣고 해석하는 일련의 과정을 한 단계씩 보여주어 독자들이 그대로 따라 할 수 있도록 상세히 설명한 것이다. 또한 각 단계마다 〈스스로 해보기〉 면을 담아 본문에서 학습한 내용을 다시 한 번 연습해보고 자신의 것으로 익힐 수 있도록 하였다.

엑셀은 행과 열로 이루어진 스프레드시트(spreadsheet)가 결합된 형태의 소프트웨어로 병원, 회사, 학교 등 여러 곳에서 다양한 업무에 활용할 수 있다. 단순한 표 그리기 작업부터 통계분석까지 두루 사용할 수 있으며, 초보자도 접근하기 쉽다는 장점을 지니고 있다. 본서에서는 이러한 엑셀의 기본적인 다루기를 익히면서 통계분석에도 활용하는 방법을 안내하고자 한다.

본문은 총 5개의 장으로 구성하였다.

- 1장 '통계 이론'에서는 통계학의 기본적 이론과 지식을 되도록 쉽게 설명하여 통계를 처음 접하는 이들의 이해를 넓히고자 하였다.
- 2장 '데이터 구조'에서는 본서에서 활용하는 국민건강영양조사 데이터에 대한 설명을 담아 통계분석을 본격적으로 수행하기 전에 데이터에 대한 이해와 지식을 다질 수 있도록 하였다.
- 3장 '변수 다루기'에서는 기술통계 및 통계분석을 수행하기 위해 변수 형태를 변경하고자 할 때 필요한 내용들을 설명하였다.
- 4장 '기술통계 및 그래프'에서는 분석 데이터에 대한 기술통계를 수행하고 그래프로 나타내기 위해 필요한 내용들을 설명하였다.

- 5장 '통계분석'에서는 두 군의 평균 비교(t-test, paired t-test), 세 군 이상의 평균 비교(ANOVA), 군간 율의 비교(chi-square test), 상관분석, 회귀분석, 로지스틱 회귀분석을 수행하고자 할 때 독자들이 그대로 따라 해볼 수 있도록 실제 연구 질문과 분석 과정, 결과표 및 해석까지 담았다.

본서는 특히 의학 및 보건학, 간호학을 전공하는 학생들의 첫 번째 통계분석 교재로 적합하다. 아무쪼록 학생들이 통계학에 대한 부담감을 내려놓고 통계분석의 효용과 재미에 눈뜨는 데 이 책이 도움이 될 수 있기를, 많은 이들에게 유용하게 쓰일 수 있기를 바란다.

2020년 겨울

저자 이주행, 최경화

차례

Chapter 03 변수 다루기

Chapter 04 기술통계 및 그래프

Chapter 05 통계분석

부록

Chapter 01 통계 이론

1 통계학의 개념과 쓰임새

통계학이란 연구계획 단계에서 전체 디자인을 설계하여 대상자를 선정하고 가설을 설정한 후 자료 수집, 분석, 해석과 정리, 적용에 이르는 연구 전 과정에 걸쳐 사용하는 과학적 방법이며 학문이다.

오늘날 의학 및 보건학 분야에서 통계학은 널리 활용되고 있다. 통계학적인 방법을 사용하면 단순히 자료를 요약하는 단계를 넘어 과학적 근거를 마련하는 분석을 할 수 있기 때문이다. 이에 임상시험, 역학조사, 빅데이터 분석 등 실제 연구 및 의료 현장의 다양한 업무에서 통계분석과 자료 처리 작업의 중요성이 점점 강조되고 있으며, 이러한 작업을 수행할 수 있는 전문가에 대한 필요성 또한 커지고 있다.

2 통계 기초 이론

2-1 모집단과 표본

'모집단'이란 연구자가 연구를 수행할 때 그 주제에 적합한 전체 집단을 말한다. '표본'은 모집단의 일부로 실제 연구 대상이 되는 집단을 말하며, 적절한 표본이란 모집단의 특성을 잘 반영하는 집단이다. 예를 들어 대한민국 대통령 후보에 대한 선호도를 조사한다면, 모집단은 대한민국의 유권자이며 표본은 모집단의 특성을 잘 반영할 수 있는 지역, 성별, 연령을 고르게 반영하여 선정해야 할 것이다.

2-2 변수 및 척도

변수는 크게 범주형 변수와 연속형 변수로 나눌 수 있다. '범주형 변수'에는 명목척도와 순위척도가 있고, '연속형 변수'에는 간격척도와 비척도가 있다. 순위척도는 명목척도와 달리 순위라는 정보를 포함하고 있기 때문에 범주 나열의 순서가 중요하며 범주의 순서가 바뀌면 안 된다. 간격척도와 비척도의 차이는 0이 실제로 없음을 나타내면 비척도이고, 상대적 개념이면 간격척도이다. 연속형 변수로 자료를 얻으면 범주형 변수로 변환할 수 있으나, 범주형 변수로 자료를 얻으면 연속형 변수로 변환할 수 없다. 따라서 연구자들은 자료 확보 시 이 점을 염두에 두고 작업을 해야 한다.

[표 1-1] 변수 및 척도 구분

구분	척도	예시	표현	상관분석	사칙연산	0의 의미
범주형 변수	명목 척도	혈액형 (A, B, O, AB), 성별	빈도율 (퍼센트)	불가능	불가능	자유롭게 설정
	순위 척도	학점(A, B, C), 암 병기(1기, 2기, 3기)	빈도율 (퍼센트)	스피어만 상관계수 (분석)	불가능	자유롭게 설정
연속형 변수	간격 척도	온도	대푯값 산포도	피어슨 상관계수 (분석)	+, −	상대 개념
	비 척도	체중, 나이	대푯값 산포도	피어슨 상관계수 (분석)	+, − ×, ÷	절대 개념

2-3 자료의 요약

양적 자료의 분포는 대푯값과 산포도로 나타낼 수 있다. '대푯값'이란 자료의 분포를 하나의 값으로 나타낼 수 있는 대표적인 값이다. 평균을 중심으로 좌우대칭인 자료의 경우 평균(mean)이 대푯값으로서 의미가 있으나, 한쪽으로 치우친 분포를 가진 자료의 경우에는 평균을 대푯값으로 사용할 수 없으며 기하평균이나 중앙값(median) 또는 최빈값(mode)을 사용해야 한다. '산포도'는 자료가 얼마나 퍼져 있는지를 나타내는 지표로 사용한다.

평균과 함께 사용하는 것이 바로 표준편차(standard deviation, SD)이다. 분산(variance)은 각 자료에서 평균까지의 차를 제곱하여 모두 더한 값을 자료의 수로 나눠준 값으로, 각 관측치가 평균으로부터 얼마나 떨어져 있는지를 잘 표현해주는 지표이다. 하지만 계산식에 의해 단위까지 제곱이 되므로 평균과 함께 쓰기 어렵다. 따라서 분산의 양의 제곱근인 표준편차를 평균과 함께 사용한다. 백분위수(percentile)는 자료를 작은 수부터 큰 수까지 차례대로 정렬한 다음 100개로 균등하게 나누었을 때 해당하는 값으로, 첫 번째 값이 1백분위수, 20번째 값이 20백분위수가 된다. 사분위수(quantile)는 자료를 작은 수부터 큰 수까지 차례대로 정렬한 다음 4개로 균등하게 나누었을 때 해당하는 값이다. 첫 번째 값인 1사분위수는 25백분위수와 같은 값이고, 두 번째 값인 2사분위수는 중앙값과 동일하며 50백분위수와 같다. 범위(range)는 최댓값에서 최솟값을 뺀 값이며 사분위범위(interquantile range, IQR)는 3사분위수에서 1사분위수를 뺀 값이다.

[표 1-2] 대푯값과 산포도 구분

	대푯값	산포도
평균 중심 좌우 대칭	평균	표준편차
평균 중심 좌우 대칭 아님	기하평균 중앙값 최빈값	백분위수(퍼센타일) 사분위수 범위

2-4 정규분포와 중심극한정리

'정규분포'는 통계분석에서 사용되는 모든 분포의 기본이며 중심이 되는 분포로, 평균을 중심으로 좌우대칭이고 평균 주위에 관측값이 많이 모여 종 모양을 보이는 것이 특징이다. 표준편차가 작을수록 평균에 더 많은 관측치가 모여 있다.

'중심극한정리'란 모집단이 정규분포를 따르지 않더라도 표본 수가 어느 정도(통상 30 이상) 많다면, 표본평균의 분포는 정규분포를 따른다는 것이다. 이에 근거하여 표본 수가 많은 경우 자료의 정규성(정규분포를 따르는 성질)을 가정할 수 있고 모수적인 통계분석 방법을 사용할 수 있다.

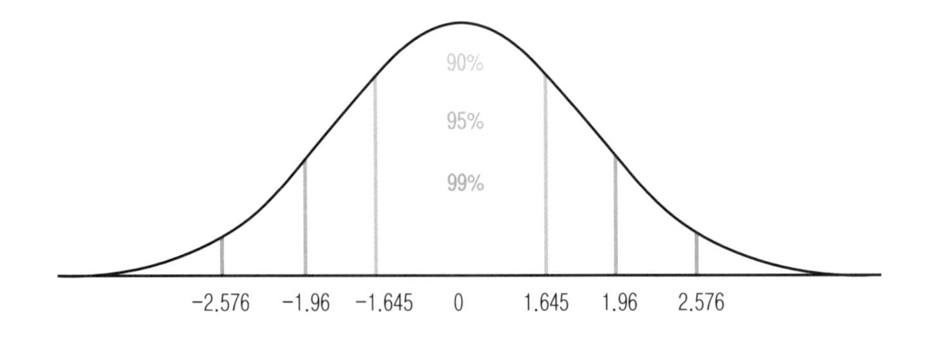

3 통계적 가설과 검정

3-1 가설과 검정

연구를 진행할 때 모집단에 대한 연구 가설을 설정한 뒤 표본을 수집하여 그 가설이 맞는지 결정하는 것을 검정(test)이라 한다.

통계적 가설에는 귀무가설과 대립가설이 있다. '귀무가설(H_0)'은 영(0)가설이라고도 하며, 기존에 알고 있는 이론이나 학설을 말한다. '대립가설(H_1)'은 연구자가 실험의 결과로 입증하고자 하는 새로운 이론이나 학설이다. 모든 통계분석은 결국 귀무가설을 기각할 수 있는가 없는가를 결정하는 일련의 과정이라고 할 수 있다.

'유의수준(α)'은 귀무가설이 옳을 때 귀무가설을 기각하게 되는 오류가 발생할 확률로, 과학자들은 5퍼센트(α=0.05) 수준의 오류를 무시할 수 있다고 용인하였다. 'p-value'는 귀무가설이 옳을 때, 표본을 통해 산출된 통계량이 관측된 값 이상일 확률을 말한다. p-value는 p값 또는 유의확률이라고도 부른다. 통계분석을 통해 우리는 p-value를 얻고, 이 값이 유의수준인 0.05보다 작을 경우 귀무가설을 기각할 수 있는 과학적인 근거를 마련하게 된다.

통계적 검정에는 양측검정과 단측검정이 있다. 가장 널리 쓰이는 '양측검정'은 우리가 표본으로부터 얻은 값이 어떤 특정한 값과 차이가 있는지, 즉 같은지 다른지를 검정할 때 사용한다. '단측검정'은 우리가 표본으로부터 얻은 값이 어떤 특정한 값보다 큰지 또는 작은지를 검정할 때 사용한다. 표본에서 얻은 통계량을 이용하여 산출한 검정통계량이 분포의 특정 값 바깥쪽에 존재하는 경우 귀무가설을 기각할 수 있는데, 이 바깥쪽 영역을 '기각역'이라고 한다. 또한 검정통계량이 분포의 특정 값 안쪽에 존재하는 경우 귀무가설을 기각할 수 없는데, 이 안쪽 영역을 '채택역'이라고 한다.

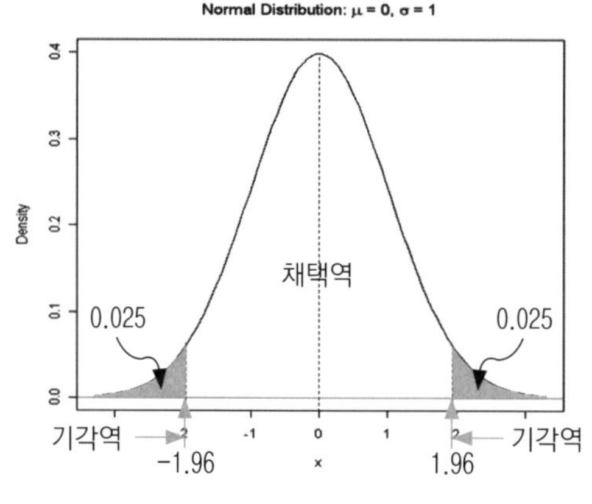

(a) 양측검정($H_1: \mu \neq \mu_0$)

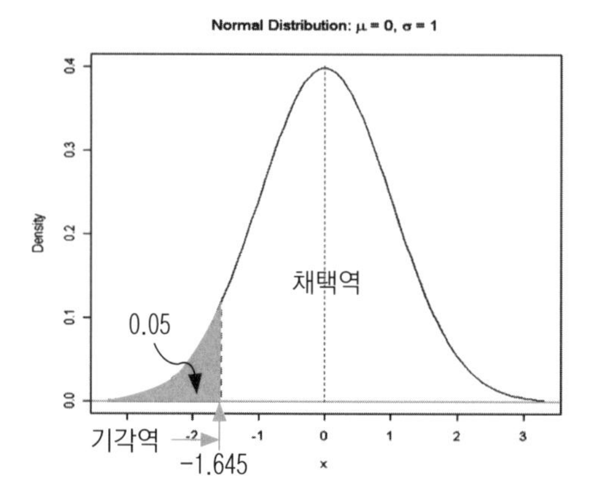

(b) 왼쪽 단측검정($H_1: \mu < \mu_0$)

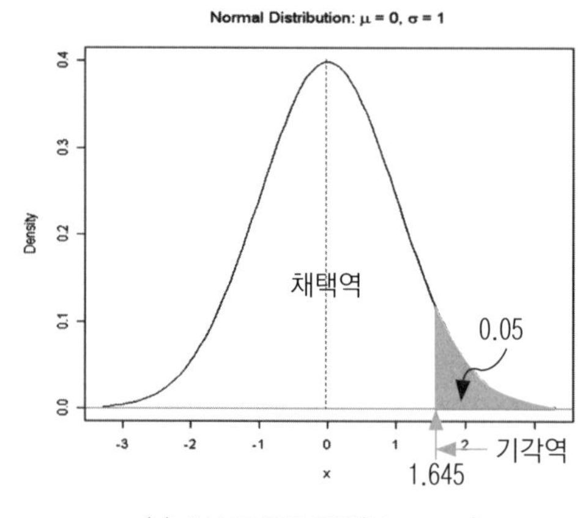

(c) 오른쪽 단측검정($H_1: \mu > \mu_0$)

[그림 1-1] 양측검정과 단측검정 구분

3-2 오류

통계분석에서 잘못된 판단을 오류라 하며 제1종 오류와 제2종 오류로 구분한다. '제1종 오류'는 귀무가설이 옳은데도 귀무가설을 기각하는 오류로, 1종 오류가 일어날 확률을 α라 한다. '제2종 오류'는 귀무가설이 옳지 않은데도 검정 결과 귀무가설을 채택하는 오류로, 2종 오류가 일어날 확률을 β라 한다.

[표 1-3] 귀무가설과 대립가설 비교

실제 / 의사결정	귀무가설이 참인 경우	대립가설이 참인 경우
귀무가설 기각 못함	옳은 결정	제2종 오류
귀무가설 기각함	제1종 오류	옳은 결정

검정력(statistical power)이란 대립가설이 옳을 때 대립가설을 채택하는 확률로, 1에서 제2종 오류가 일어날 확률인 β를 뺀 값 $(1-\beta)$이다. 검정력은 표본 수(sample size)를 결정할 때 사용한다.

3-3 신뢰구간, 표준오차, 표준편차

통계적 검정을 할 때 기각역이 아닌 채택역의 구간을 '신뢰구간(confidence interval, CI)'이라고 한다. 신뢰구간은 $(1-\alpha)*100\%$로 계산하며, 통계분석에서는 유의수준 α를 대부분의 경우 0.05로 정하므로 $(1-0.05)*100=95\%$ 신뢰구간을 주로 사용한다.

'표준오차(standard error, SE)'는 참값과 추정값 간의 차이를 말하며 표준편차(SD)를 표본 수의 제곱근으로 나눈 값이다. 유의수준을 0.05라고 정할 때, 추정값의 신뢰구간은 추정값 $\pm 1.96*$표준오차(SE)이다.

3-4 자료의 성격 및 연구 디자인에 따른 통계분석 방법

자료의 성격 및 연구 디자인에 따라 통계분석 방법이 달라지는데 본서에서는 모수적인 방법만을 다룬다. 다음은 모수적, 비모수적인 통계분석 방법을 구분하고 그에 해당하는 본서의 장을 정리한 표이다.

[표 1-4] 여러 가지 통계분석 방법

구분	가설	모수적인 방법		비모수적인 방법
		통계분석	해당 장	통계분석 (본서에서 다루지 않음)
그룹 간 비교	독립적인 두 집단의 평균 비교	t-test	5장 1-1절	Wilcoxon test
	짝지은 두 집단의 평균 비교	paired t-test	5장 1-2절	paired-samples Wilcoxon test
	독립적인 세 집단 이상의 평균 비교	ANOVA	5장 2절	Kruskal-Wallis test
	그룹 간 율의 비교	chi-square test	5장 3절	Fisher's exact test
관련성	두 변수 간의 상관성 (시간적 선후관계 없음)	상관분석 (Pearson's correlation analysis)	5장 4절	상관분석 (Spearman's correlation analysis)
	독립변수(X)와 연속형 종속변수(Y)와의 관련성 (시간적 선후관계 있음)	회귀분석	5장 5절	
	독립변수(X)와 이분형 종속변수(Y)와의 관련성	로지스틱 회귀분석	5장 6절	

1 엑셀 데이터

2 엑셀의 메뉴

3 실습 데이터 소개

Chapter 02

데이터 구조

엑셀은 행과 열로 이루어진 스프레드시트(spreadsheet)가 결합된 형태의 소프트웨어로, 데이터 입력에 많이 쓰이는 도구이다. 엑셀은 병원, 기업, 학교 등 여러 곳에서 데이터를 다루는 다양한 업무에 활용된다. 이 장에서는 엑셀로 이루어진 데이터를 이해하고 우리가 사용할 실습 데이터를 살펴본다.

1 엑셀 데이터

엑셀의 기본 단위는 셀(cell)이다. 셀이란 행(row)과 열(column)이 만나는 지점을 말한다. 행은 1, 2, 3, …… 순서로 늘어나며 열은 A, B, C, …… 순서로 늘어난다. 셀의 위치를 부르는 방법은 열을 나타내는 알파벳 뒤에 행을 나타내는 숫자를 붙이는 것이다. 예를 들면 3행 C열에 위치한 셀은 'C3'라고 부른다.

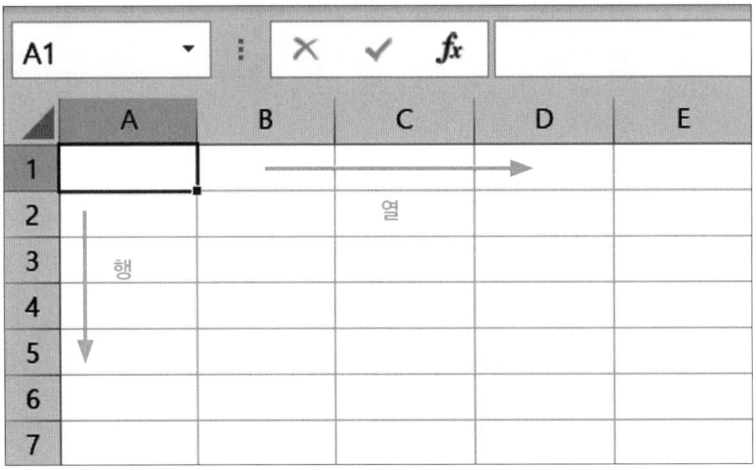

	A	B	C	D	E
1					
2			열		
3	행				
4					
5					
6					
7					

2 엑셀의 메뉴

이 책에서 주로 사용할 엑셀의 메뉴는 데이터 탭의 필터 기능과 데이터 분석 기능이다.

2-1 필터 기능

변수 이름이 있는 셀을 선택한 후 필터를 클릭하면 변수 이름 옆에 ▼ 표시가 생긴다. 필터 기능을 사용하면 입력된 모든 항목을 표시하기 때문에 변수에 어떤 값들이 있는지 알아볼 때 유용하다. 코딩북과 대조하여 데이터에 오류가 없는지 알아볼 수 있다. 또한 숫자인 경우 오름차순/내림차순 정렬이 가능하며, 문자인 경우 가나다순/알파벳순으로 정렬할 수 있다.

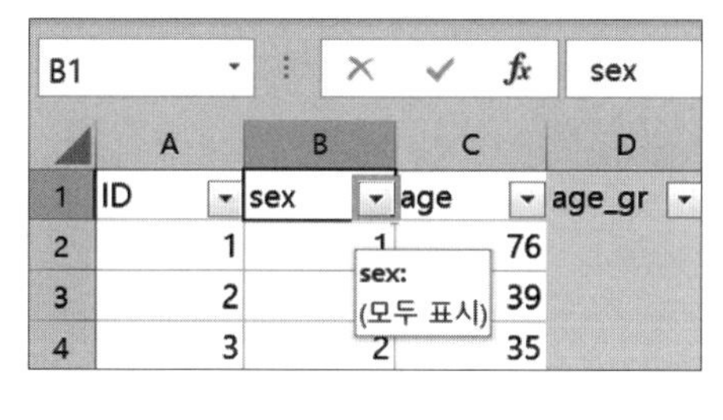

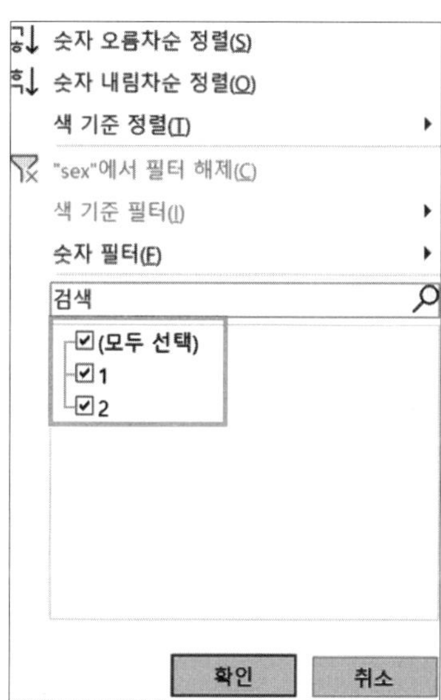

2-2 데이터 분석 기능

엑셀의 기본 설치 상태에서는 데이터 분석 기능이 보이지 않으므로 데이터 분석 기능을 추가해야 한다. [파일] → [옵션] → [추가 기능]에서 '분석 도구'와 '분석 도구-VBA'를 체크하고 [확인]을 누르면 된다.

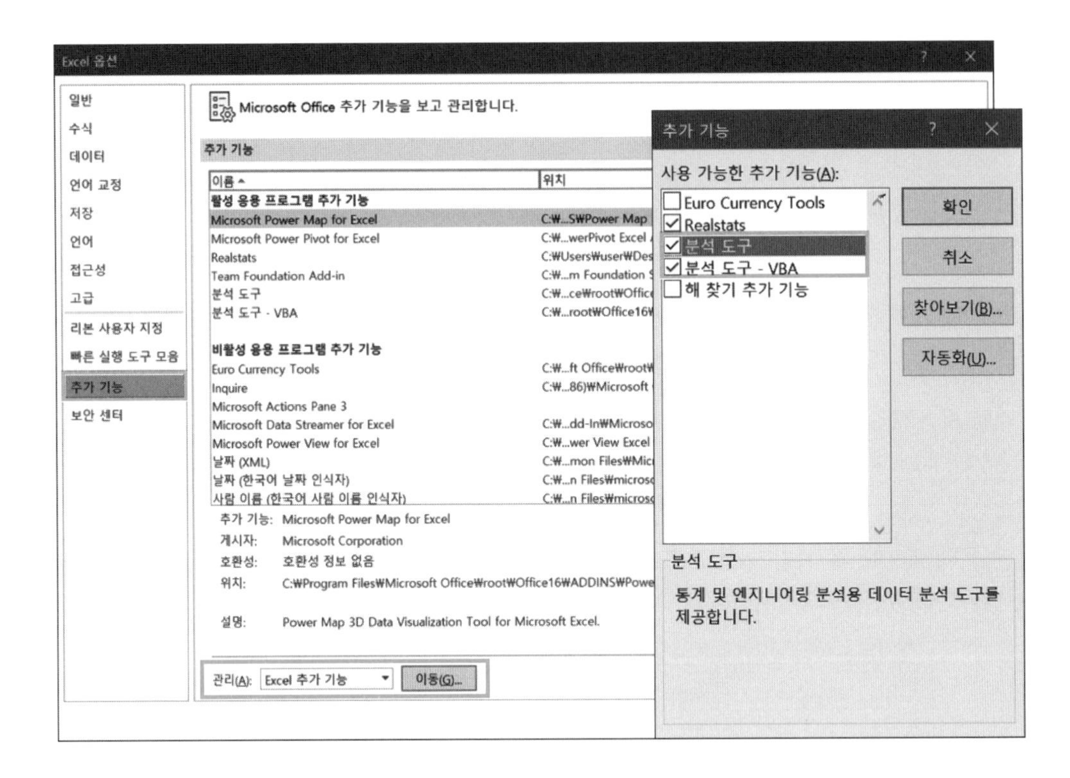

참고로, 필자들은 Windows 10, Microsoft Excel Office 365용 MSO 64비트 환경에서 작업을 하였다. macOS 등 다른 운영체제를 이용하거나 엑셀의 버전이 다른 독자들은 엑셀을 다루는 과정의 화면이 다를 수 있으나, 실습이 불가할 정도로 차이 나지는 않을 것이라 생각된다.

옵션을 변경하면 다음과 같이 '데이터 분석' 기능이 생긴 것을 확인할 수 있다.

[데이터 분석]을 클릭하면 총 19가지의 분석 도구가 팝업창으로 뜬다. 이때 분석 목적에 맞게 필요한 분석을 선택해 실행하면 된다.

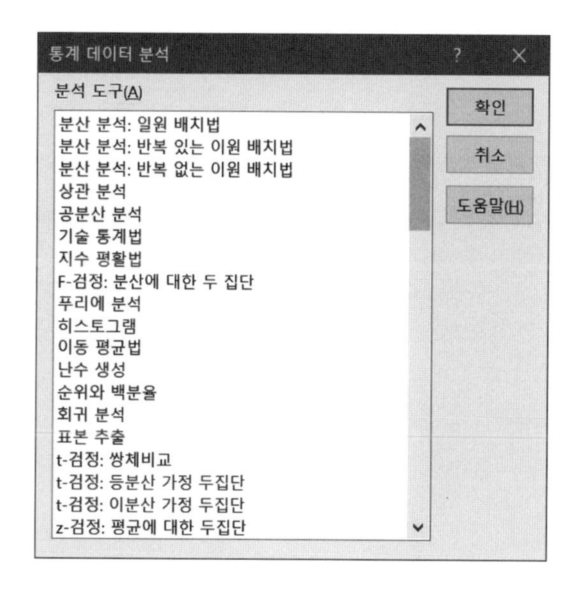

본서에서는 이 중 다음의 7가지 분석만 사용할 것이다.

- 분산분석: 일원배치법
- 상관분석
- F-검정: 분산에 대한 두 집단
- 회귀분석
- t-검정: 쌍체비교
- t-검정: 등분산 가정 두집단
- t-검정: 이분산 가정 두집단

3 실습 데이터 소개

3-1 데이터

이제 실습 데이터를 살펴보자. 실습 데이터 파일을 열어 맨 아래를 보면 2개의 시트(sheet)로 구성되어 있음을 알 수 있다.

파일 홈 삽입 페이지 레이아웃 수식 데이터 검토 보기 도움말 Power Pivot 팁 검색

A1 ID

	A	B	C	D	E	F	G	H	I	J	K	L	M
1	ID	sex	age	age_gr	age_gr3	ho_incm	edu	occp	marri_1	BD1	BD1_11	BS3_1	BS12
2	1	1	76			1	3	6	1	2	4	8	
3	2	1	39			2	3	6	1	2	5	1	
4	3	2	35			2	4	7	1	2	4	8	
5	4	1	71			2	1	7	1	2	1	3	
6	5	2	68			2	2	6	1	1	8	8	
7	6	1	42			3	4	5	2	2	4	1	
8	7	2	28			2	4	3	2	2	3	3	
9	8	2	45			3	3	2	1	2	3	3	
10	9	2	70			3	1	7	1	2	1	8	
11	10	2	37			2	4	3	2	2	6	1	
12	11	2	67			2	3	7	1	1	8	8	
13	12	2	57			2	3	3	1	2	2	8	
14	13	1	46			2	1	6	1	2	6	1	
15	14	2	33			3	4	1	2	2	2	8	
16	15	1	41			4	4	2	2	2	5	1	
17	16	1	66			1	1	6	2	2	6	1	
18	17	1	58			1	3	7	1	1	8	1	
19	18	1	50			1	3	7	2	1	8	8	
20	19	1	36			4	3	1	1	2	2	1	

데이터 코딩북

먼저, 첫 번째 시트는 데이터 시트이다. 데이터 시트는 700개의 행과 52개의 열로 이루어져 있다. 첫 번째 행은 변수 이름을 적는 행이기 때문에 결국 실습 데이터는 699개의 관측치와 52개의 변수로 이루어져 있다고 할 수 있다.

우리가 사용하는 실습 데이터는 국민건강영양조사 원시자료(https://knhanes.cdc.go.kr/knhanes/sub03/sub03_02_02.do)를 사용하기 편리하게 가공한 것이다. 국민건강영양조사는 전국 규모의 건강 및 영양 정보를 파악할 수 있는 데이터로, 질병관리청에서 관리하며 국민 모두에게 공개하고 있다.

3-2 코딩북

두 번째 시트는 코딩북이다. 코딩북은 데이터를 이해하기 위해 필요한 변수의 기본 속성과 코딩 규칙 등을 간단하게 기록한 것이다.

A4 번호

엑셀 강의 교재 coding instruction

번호	구분	영역	유형	길이	변수 이름	변수 설명	입력 내용
1	기존	관찰 코드	N	3	ID	대상자 고유번호	1~699 : 1~699번
2	기존	기본특성	N	1	sex	성별	1. 남자 2. 여자
3	기존	기본특성	N	3	age	만나이	□□세 20~79 : 20~79세 80 : 80세이상
4	신규	기본특성	N	1	age_gr	연령군	1=10대, 2=20대, 3=30대, ...
5	신규	기본특성	N	1	age_gr3	생애주기별 연령군	1=45세 미만, 2=45세 이상 65세 미만, 3=65세 이상
6	기존	기본특성	N	1	ho_incm	소득 사분위수(가구)	1. 하 2. 중하 3. 중상 4. 상
7	기존	기본특성	N	1	edu	교육수준	1. 초졸이하 2. 중졸 3. 고졸 4. 대졸이상
8	신규	기본특성	N	1	univ	대졸여부	0. 대졸 아님 1. 대졸
							1. 관리자, 전문가 및 관련 종사자

데이터 코딩북

1) 구분

기존의 변수(기본)와 새로 만든 변수(신규)를 구분한다. 신규 영역의 변수는 데이터 시트상에서 빈칸이며 녹색으로 칠해져 있다(본서에서는 색상 제한으로 회색으로 표현되었다). 앞으로 이 책의 예제를 따라 하면서 채워나갈 부분이다.

2) 영역

- 관찰 코드: 대상자에 부여하는 고유한 번호로 1부터 699까지 있다.
- 기본 특성: 대상자의 기본 특성인 성별, 나이, 소득, 교육수준, 직업, 결혼 등의 특성을 나타낸다. 이외에도 음주, 흡연, 주관적 건강상태, 고혈압, 이상지질혈증, 뇌졸중,

당뇨병, 이환_고혈압, 비만 체중조절, 혈액 검사의 영역이 있다.

3) 유형

N은 number의 첫 글자로 숫자 변수를 뜻하고, C는 character의 첫 글자로 문자 변수를 뜻한다. 우리가 사용할 실습 데이터는 숫자 변수로만 이루어져 있다.

4) 길이

해당 변수의 길이를 나타낸다. 관찰 코드 영역의 'ID'변수는 1부터 699번까지 있으므로 총 3자리가 필요하게 되어 길이가 3이다.

5) 변수 이름

변수의 이름을 적는다. 변수 이름은 가능한 영문으로 쓰며, 너무 길지 않고 내용을 쉽게 떠올릴 수 있는 것으로 정하는 것이 좋다. 물론 숫자도 포함할 수 있다. 띄어쓰기는 되도록 하지 말고, 단어를 구분하고 싶으면 언더바(under-bar) _를 사용하거나 대소문자를 다르게 한다. 또한 하이픈(hyphen, 붙임표) -도 사용하지 않도록 한다. 예를 들면 연령은 age, 연령군은 age_gr, 수축기 혈압은 sbp, 이완기 혈압은 dbp 등과 같이 쓴다.

6) 변수 설명

영어로 된 변수를 우리말로 설명한다.

7) 입력 내용

해당 변수가 가지는 값에 대하여 설명한다. 예를 들면 "기본 특성 영역의 'sex' 변수는 1 또는 2의 값을 가지는데, 이는 각각 남자와 여자를 나타낸다"와 같이 적는다. 이때 반드시 단위를 기록하도록 한다.

3-3 데이터 구성

본서에서 분석에 활용할 데이터는 52개의 건강 및 일반 특성과 관련된 변수로 구성된 699명의 자료이다. 변수 변환이나 분석을 수행할 때 아래의 표를 참조하도록 한다.

번호	구분	영역	변수 이름	변수 설명	입력 내용
1	기존	관찰 코드	ID	대상자 고유번호	1~699=1~699번
2	기존	기본 특성	sex	성별	1. 남자 2. 여자
3	기존	기본 특성	age	만나이	ㅁㅁ세 20~79=20~79세 80=80세 이상
4	신규	기본 특성	age_gr	연령군	1=10대, 2=20대, 3=30대, …
5	신규	기본 특성	age_gr3	생애주기별 연령군	1=45세 미만, 2=45세 이상 65세 미만, 3=65세 이상
6	기존	기본 특성	ho_incm	소득 사분위수 (가구)	1. 하 2. 중하 3. 중상 4. 상
7	기존	기본 특성	edu	교육수준	1. 초졸 이하 2. 중졸 3. 고졸 4. 대졸 이상
8	신규	기본 특성	univ	대졸 여부	0. 대졸 아님 1. 대졸
9	기존	기본 특성	occp	직업 분류	1. 관리자, 전문가 및 관련 종사자 2. 사무종사자 3. 서비스 및 판매종사자 4. 농림어업 숙련종사자 5. 기능원, 장치·기계조작 및 조립 종사자 6. 단순노무 종사자 7. 무직(주부, 학생 등)
10	기존	기본 특성	marri_1	결혼 여부	1. 기혼 2. 미혼

번호	구분	영역	변수 이름	변수 설명	입력 내용
11	기존	음주	BD1	평생 음주경험	1. 술을 마셔 본 적 없음 2. 있음
12	기존	음주	BD1_11	1년간 음주빈도	1. 최근 1년간 전혀 마시지 않았다 2. 월1회 미만 3. 월1회 정도 4. 월2-4회 5. 주2-3회 6. 주4회 이상 8. 비해당(술을 마셔본 적 없음)
13	기존	흡연	BS3_1	현재흡연 여부	1. 매일 피움 2. 가끔 피움 3. 과거엔 피웠으나, 현재 피우지 않음 8. 비해당(평생 피운 적 없음) 9. 모름, 무응답
14	기존	흡연	BS12_1	전자담배 평생사용 여부	1. 예 2. 아니오
15	기존	흡연	BS12_2	전자담배 현재사용 여부	1. 예 2. 아니오 8. 비해당(평생 사용하지 않음)
16	기존	주관적 건강상태	D_1_1	주관적 건강상태	1. 매우 좋음 2. 좋음 3. 보통 4. 나쁨 5. 매우 나쁨
17	기존	고혈압	DI1_dg	고혈압 의사진단 여부	0. 없음 1. 있음
18	기존	고혈압	DI1_pr	고혈압 현재 유병 여부	0. 없음 1. 있음 8. 비해당(의사진단 받지 않음)
19	기존	고혈압	DI1_pt	고혈압 치료	0. 없음 1. 있음 8. 비해당(의사진단 받지 않음)
20	기존	이상지질혈증	DI2_dg	이상지질혈증 의사진단 여부	0. 없음 1. 있음
21	기존	이상지질혈증	DI2_pr	이상지질혈증 현재 유병 여부	0. 없음 1. 있음 8. 비해당(의사진단 받지 않음)

번호	구분	영역	변수 이름	변수 설명	입력 내용
22	기존	이상지질혈증	DI2_pt	이상지질혈증 치료	0. 없음 1. 있음 8. 비해당(의사진단 받지 않음)
23	기존	뇌졸중	DI3_dg	뇌졸중 의사진단 여부	0. 없음 1. 있음
24	기존	뇌졸중	DI3_pr	뇌졸중 현재 유병 여부	0. 없음 1. 있음 8. 비해당(의사진단 받지 않음)
25	기존	뇌졸중	DI3_pt	뇌졸중 치료	0. 없음 1. 있음 8. 비해당(의사진단 받지 않음)
26	기존	뇌졸중	DI3_2	뇌졸중 후유증	1. 후유증을 앓고 있음 2. 후유증이 있었지만 지금은 회복되었음 3. 특별한 후유증이 없음 8. 비해당(의사진단 받지 않음)
27	기존	당뇨병	DE1_dg	당뇨병 의사진단 여부	0. 없음 1. 있음
28	기존	당뇨병	DE1_pr	당뇨병 현재 유병 여부	1. 있음 8. 비해당(의사진단 받지 않음)
29	기존	당뇨병	DE1_pt	당뇨병 치료	0. 없음 1. 있음 8. 비해당(의사진단 받지 않음)
30	기존	이환_고혈압	HE_sbp1	1차 수축기 혈압	□ □ □ mmHg
31	기존	이환_고혈압	HE_dbp1	1차 이완기 혈압	□ □ □ mmHg
32	기존	이환_고혈압	HE_sbp2	2차 수축기 혈압	□ □ □ mmHg
33	기존	이환_고혈압	HE_dbp2	2차 이완기 혈압	□ □ □ mmHg
34	기존	이환_고혈압	HE_sbp3	3차 수축기 혈압	□ □ □ mmHg
35	기존	이환_고혈압	HE_dbp3	3차 이완기 혈압	□ □ □ mmHg
36	신규	이환_고혈압	sbp1_gr	1차 수축기 혈압 수준	1=정상, 2=전기고혈압, 3=고혈압

번호	구분	영역	변수 이름	변수 설명	입력 내용
37	신규	이환_고혈압	dbp1_gr	1차 이완기 혈압 수준	1=정상, 2=전기고혈압, 3=고혈압
38	신규	이환_고혈압	bp1_level	1차 개인의 혈압 수준	1=정상, 2=전기고혈압, 3=고혈압
39	신규	이환_고혈압	sbp2_gr	2차 수축기 혈압 수준	1=정상, 2=전기고혈압, 3=고혈압
40	신규	이환_고혈압	dbp2_gr	2차 이완기 혈압 수준	1=정상, 2=전기고혈압, 3=고혈압
41	신규	이환_고혈압	bp2_level	2차 개인의 혈압 수준	1=정상, 2=전기고혈압, 3=고혈압
42	신규	이환_고혈압	sbp3_gr	3차 수축기 혈압 수준	1=정상, 2=전기고혈압, 3=고혈압
43	신규	이환_고혈압	dbp3_gr	3차 이완기 혈압 수준	1=정상, 2=전기고혈압, 3=고혈압
44	신규	이환_고혈압	bp3_level	3차 개인의 혈압 수준	1=정상, 2=전기고혈압, 3=고혈압
45	기존	비만 체중 조절	HE_ht	신장	□ □ □.□ cm
46	기존	비만 체중 조절	HE_wt	체중	□ □ □.□ kg
47	신규	비만 체중 조절	BMI	BMI (kg/m2)	□ □.□ (HE_wt/[(HE_ht/100)*(HE_ht/100)]
48	신규	비만 체중 조절	BMI_gr	비만도 구분	용도(목적)에 맞게 새로 생성 1=25 미만, 2=25-30 미만, 3=30 이상
49	기존	비만 체중 조절	HE_wc	허리둘레	□ □ □.□ cm
50	기존	혈액 검사	HE_glu	공복혈당	□ □ □.□ mg/dL
51	기존	혈액 검사	HE_HbA1c	당화혈색소	□ □.□ %
52	기존	혈액 검사	HE_chol	총콜레스테롤	□ □ □.□ mg/dL
53	기존	혈액 검사	HE_TG	중성지방	□ □ □ □.□ mg/dL

1 새로운 변수 만들기

Chapter 03

변수 다루기

1 새로운 변수 만들기

이 장에서는 연속형 변수인 연령(1세, 2세, ……)을 이용하여 새로운 범주형 변수인 연령군(10대, 20대, ……)으로 만드는 작업을 진행한다. 연령(age)이라는 연속형 변수로는 평균을 산출할 수 있으나, 연령군(age_gr)이라는 범주형 변수로는 평균을 산출할 수 없고 각 범주의 빈도와 율(퍼센트)만 산출할 수 있다. 따라서 자료를 모을 때 이를 고려하는 것이 좋다.

1-1 변수 계산하기

체질량지수(body mass index, BMI)는 비만도를 나타내는 수치로, 체중(몸무게)과 신장(키)의 관계식으로 산출한다. 몸무게와 키는 모두 연속형 변수로, 이에 적절한 계산식을 적용하면 새로운 연속형 변수인 체질량지수를 만들 수 있다. 계산식은 다음과 같다.

$$BMI = {}^{kg}\!/_{m^2}$$

이때 주의해야 할 점은 분모에 들어가는 키의 단위가 센티미터(cm)가 아니라 미터(m)라는 점이다. 단위가 바뀌면 아예 다른 식이 되니 항상 단위를 조심해야 한다.

같이 해보기 3-1 몸무게(HE_wt)와 키(HE_ht)를 이용하여 BMI 만들기

① 수식을 입력할 셀을 클릭하고 수식을 입력한다.

= 몸무게가 실제로 입력된 셀 / (키가 실제로 입력된 셀 / 100)^2

STDEV | =AS2/(AR2/100)^2

	AL	AM	AN	AO	AP	AQ	AR	AS	AT	AU	AV
1	sbp2_gr	dbp2_gr	bp2_level	sbp3_gr	dbp3_gr	bp3_level	HE_ht	HE_wt	BMI	BMI_gr	HE_wc
2							166.7	59.7	^2		81.4
3							171.7	62.7			75.7
4							169.5	58.3			77.6
5							169	53.1			68.1
6							158.1	61.3			89.8
7							176	76.6			86.5
8							156.7	53.9			75.9

② 수식을 입력한 셀을 복사하여 아래로 붙여넣는다. 이때 ①에서 수식을 입력한 셀의 오른쪽 아래 십자 모양을 아래로 드래그(또는 더블클릭)하거나, 수식을 입력한 셀을 복사하여 바로 아래 셀부터 [ctrl + shift + End]키를 차례로 누른 후 [Enter]키를 누르거나 붙여넣기를 사용하면 된다.

1-2 기존 연속형 변수를 활용해 새로운 범주형 변수 만들기

연속형 변수를 이용하여 새로운 범주형 변수를 만드는 예시로는 연령(age)을 연령군(age_gr)과 생애주기별 연령군(age_gr3)으로 나누는 것과, 앞에서 생성한 체질량지수(BMI)를 비만도(BMI_gr)로 나누는 것을 들 수 있다.

같이 해보기 3-2 **연령(age)을 연령군(age_gr)과 생애주기별 연령군(age_gr3)으로 나누기**

방법 1 간편한 함수를 사용

① D2 셀을 클릭한 뒤, 엑셀에서 숫자를 나누어 몫을 구하는 함수인 QUOTIENT 함수를 사용한다. QUOTIENT(a, b)는 a를 b로 나눈 몫을 계산하라는 의미다.

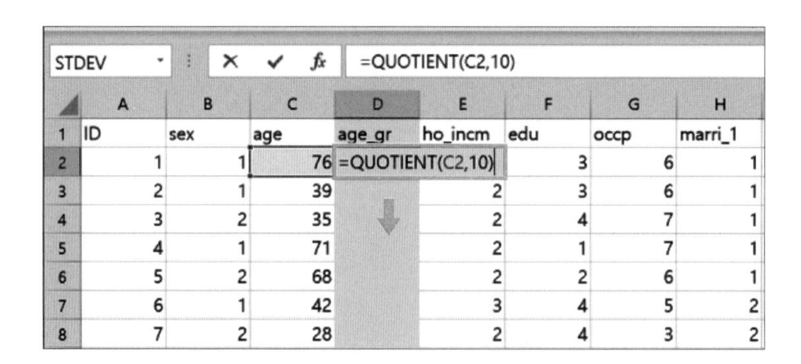

STDEV | =QUOTIENT(C2,10)

	A	B	C	D	E	F	G	H
1	ID	sex	age	age_gr	ho_incm	edu	occp	marri_1
2	1	1	76	=QUOTIENT(C2,10)		3	6	1
3	2	1	39		2	3	6	1
4	3	2	35		2	4	7	1
5	4	1	71		2	1	7	1
6	5	2	68		2	2	6	1
7	6	1	42		3	4	5	2
8	7	2	28		2	4	3	2

② 함수를 입력한 셀을 복사하여 아래로 붙여넣는다. 이때 ①에서 수식을 입력한 셀의 오른쪽 아래 십자 모양을 아래로 드래그(또는 더블클릭)하거나, 수식을 입력한 셀을 복사하여 바로 아래 셀부터 [ctrl + shift + End]키를 차례로 누른 후 [Enter]키를 누르거나 붙여넣기를 사용하면 된다.

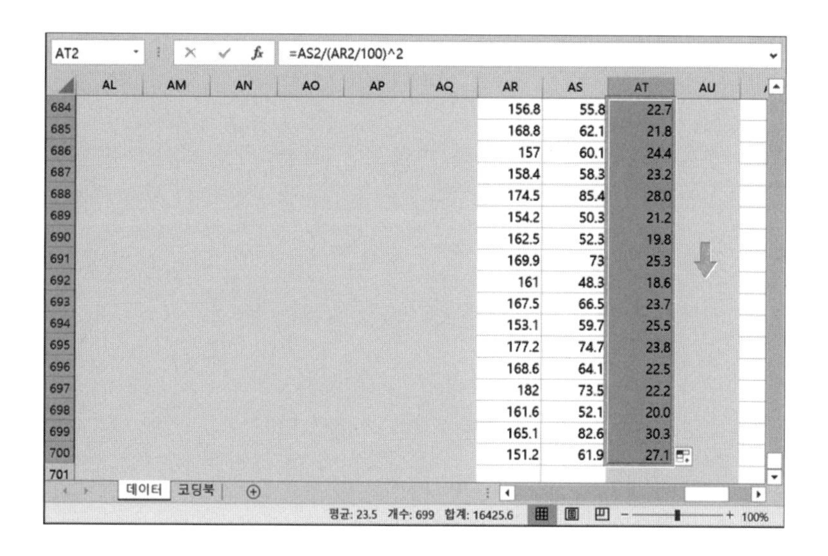

방법 2 IF 함수를 사용

IF 함수는 엑셀에서 가장 많이 쓰이는 함수 중 하나다. IF(a, b, c)는 a가 참이면 b값을 주고, a가 거짓이면 c값을 준다는 뜻이다. IF 함수는 여러 번 반복하여 사용할 수 있어서 유용하지만, 많이 반복하여 사용할수록 괄호의 개수가 헷갈릴 수 있으니 조심하도록 하자. 괄호의 개수는 여는 괄호의 개수와 닫는 괄호의 개수를 맞추면 되는데, 엑셀에서는 여는 괄호와 닫는 괄호를 같은 색으로 표기하여 사용자에게 도움을 준다.

① D2 셀을 클릭한 뒤, IF 함수를 사용하여 연령대 변수를 만든다. 연령대는 총 7개의 범주로 이루어져 있으므로 IF 함수를 6번 반복하여 사용한다. 마지막 IF 함수에서는 모든 조건을 만족하지 않을 때의 값을 부여하므로 범주 수보다 IF 함수 개수가 1개 작은 수여야 한다. 괄호는 여는 괄호의 개수만큼 닫는 괄호를 적어준다.

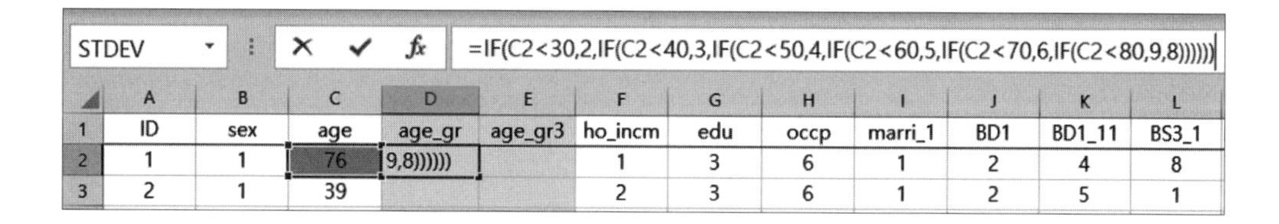

D2 = IF(C2<30,2,IF(C2<40,3,IF(C2<50,4,IF(C2<60,5,IF(C2<70,6,IF(C2<80,7,8))))))

② 함수를 입력한 셀을 복사하여 아래로 붙여넣는다. 이때 ①에서 수식을 입력한 셀의 오른쪽 아래 십자 모양을 아래로 드래그(또는 더블클릭)하거나, 수식을 입력한 셀을 복사하여 바로 아래 셀부터 [ctrl + shift + End]키를 차례로 누른 후 [Enter]키를 누르거나 붙여넣기를 사용하면 된다.

③ 이번에는 연령(age)을 생애주기별 연령군(age_gr3)으로 나눠보자. 셀을 클릭한 뒤, IF 함수를 사용하여 생애주기별 연령군 변수 'age_gr3'를 만든다. 생애주기별 연령군은 연령이 45세 미만이면 1, 45세 이상 65세 미만이면 2, 65세 이상이면 3으로 구분한다. 총 3개의 범주로 이루어져 있으므로 IF 함수를 2번 반복하여 사용한다.

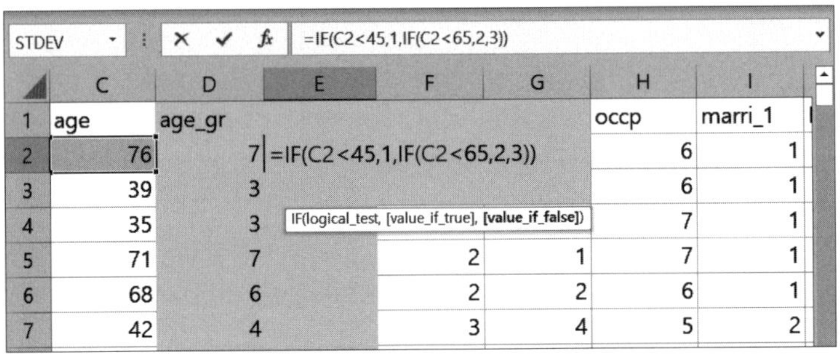

STDEV | =IF(C2<45,1,IF(C2<65,2,3))

	C	D	E	F	G	H	I
1	age	age_gr				occp	marri_1
2	76	7	=IF(C2<45,1,IF(C2<65,2,3))			6	1
3	39	3				6	1
4	35	3	IF(logical_test, [value_if_true], **[value_if_false]**)			7	1
5	71	7		2	1	7	1
6	68	6		2	2	6	1
7	42	4		3	4	5	2

④ 함수를 입력한 셀을 복사하여 아래로 쭉 붙인다. 이때 ①에서 수식을 입력한 셀의 오른쪽 아래 십자 모양을 아래로 드래그(또는 더블클릭)하거나, [ctrl + shift + End]키를 차례로 누른 후 [Enter]키를 누르거나 붙여넣기를 사용하면 된다.

같이 해보기 3-3 체질량지수(BMI)를 비만도(BMI_gr)로 나누기

① 셀을 클릭한 뒤 IF 함수를 사용하여 비만도 변수인 BMI_gr을 만든다. 비만도는 체질량지수가 25보다 작으면 1, 25–30 미만이면 2, 30 이상이면 3으로 구분한다. 총 3개의 범주로 이루어져 있으므로 IF 함수를 2번 반복하여 사용한다.

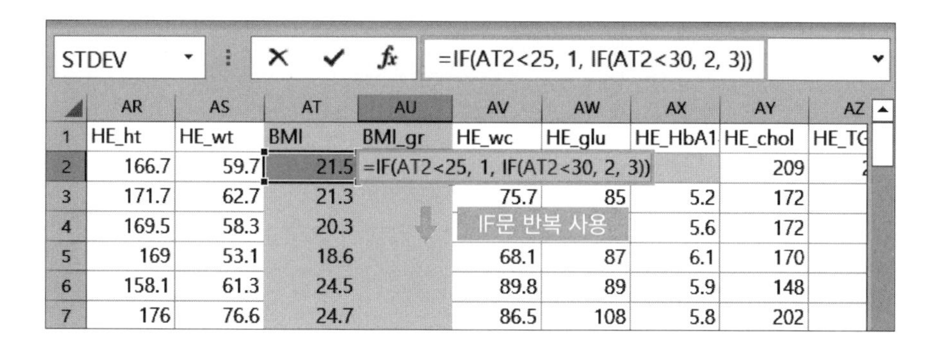

	AR	AS	AT	AU	AV	AW	AX	AY	AZ
1	HE_ht	HE_wt	BMI	BMI_gr	HE_wc	HE_glu	HE_HbA1	HE_chol	HE_TG
2	166.7	59.7	21.5	=IF(AT2<25, 1, IF(AT2<30, 2, 3))				209	
3	171.7	62.7	21.3		75.7	85	5.2	172	
4	169.5	58.3	20.3				5.6	172	
5	169	53.1	18.6		68.1	87	6.1	170	
6	158.1	61.3	24.5		89.8	89	5.9	148	
7	176	76.6	24.7		86.5	108	5.8	202	

② 함수를 입력한 셀을 복사하여 아래로 쭉 붙인다. 이때 ①에서 수식을 입력한 셀의 오른쪽 아래 십자 모양을 아래로 드래그(또는 더블클릭)하거나, [ctrl + shift + End]키를 차례로 누른 후 [Enter]키를 누르거나 붙여넣기를 사용하면 된다.

1-3 기존 범주형 변수를 활용해 새로운 범주형 변수 만들기

이번에는 기존의 범주형 변수인 교육수준(edu)을 대졸 여부(univ)로 바꿔보자.

같이 해보기 3-4 교육수준(edu)을 대졸 여부(univ)로 나누기

① 'edu' 변수를 새로운 워크시트에 복사하여 붙여넣고, 새로운 변수인 대졸 여부 'univ'를 만든다. 교육수준이 4(대졸 이상)이면 1(대졸)로, 나머지는 0으로 구분한다. 총 2개의 범주로 이루어져 있으므로 IF 함수를 한 번 사용한다.

univ = IF(edu=4, 1, 0)

COUNTIF | =IF(A2=4,1,0)

	A	B	C	D	E	F
1	edu	univ				
2	3	=IF(A2=4,1,0)				
3	3	IF(logical_test, [value_if_true], **[value_if_false]**)				
4	4	1				
5	1	0				
6	2	0				
7	4	1				
8	4	1				
9	3	0				
10	1	0				
11	4	1				
12	3	0				
13	3	0				

② 함수를 입력한 셀을 복사하여 아래로 쭉 붙인다. 이때 ①에서 수식을 입력한 셀의 오른쪽 아래 십자 모양을 아래로 드래그(또는 더블클릭)하거나, [ctrl + shift + End]키를 차례로 누른 후 [Enter]키를 누르거나 붙여넣기를 사용하면 된다.

정답은 부록에 

Q1 1, 2, 3차 수축기 혈압 수준과 이완기 혈압 수준을 만들어보자. 총 6개의 변수가 생성된다.

수축기혈압 수준 sbp 1_gr sbp 2_gr sbp 3_gr	수축기혈압 HE_sbp1 HE_sbp2 HE_sbp3
1	〈120
2	120-139
3	≥140

이완기혈압 수준 dbp 1_gr dbp 2_gr dbp 3_gr	이완기혈압 HE_dbp1 HE_dbp2 HE_dbp3
1	〈80
2	80-89
3	≥90

Q2 **Q1**에서 만든 1, 2, 3차 수축기 혈압 수준과 이완기 혈압 수준을 이용하여 1, 2, 3차 개인의 혈압 수준을 만들어보자. 총 3개의 변수가 생성된다.

결과 ←	조건		
혈압분류 bp1_level bp2_level bp3_level	수축기혈압 수준 sbp 1_gr sbp 2_gr sbp 3_gr	조건	이완기혈압 수준 dbp 1_gr dbp 2_gr dbp 3_gr
1(정상)	1(〈120)	이고	1(〈80)
2(전기고혈압)	2(120-139)	또는	2(80-89)
3(고혈압)	3(≥140)	또는	3(≥90)

Chapter 04

기술통계 및 그래프

기술통계(descriptive statistics)는 자료를 요약하는 방법이다. 논문에서는 맨 첫 번째 표(table)를 이용하여 N(전체 관측치 수)과 퍼센트(%), 기술통계 등의 기본적인 정보를 준다. 4장에서는 대푯값과 산포도를 구하고, 이를 그래프를 통해 시각적으로 나타내는 방법을 익혀보자.

1 표(table) 만들기

논문에서는 표와 그림(그래프, 사진, 지도 등)을 통해 결과를 요약적으로 보여줄 수 있다. 논문을 쓰지 않더라도 통계분석을 수행할 때 결과를 요약하는 것은 매우 중요한 일이다. 특히 여러 가지 통계분석을 수행하는 경우 분석 결과를 바로 정리해놓지 않으면 결과가 뒤섞일 가능성도 크다.

표를 작성하기에 앞서 표 틀을 만드는 것은 분석에 앞서 분석전략을 짜는 것과 같다. 통계분석을 수행하기 전에 미리 분석전략을 세우지 않으면 제대로 된 분석을 수행하기 어렵다. 항상 데이터 분석에 앞서 표 틀을 만들어놓고 분석이 끝나면 표에 값을 채워 넣는 순서로 작업하는 것이 효율적이다.

새 워크시트를 열어서 표를 만들어보기로 하자. 참고로 국문으로 된 논문이라 하더라도 표는 반드시 영문으로 작성해야 한다.

Table. Distribution of age according to gender (표의 제목)

	N	%	Age (years) (단위 써줘야 함)	
			Mean	SD
All				
Gender				
Male (Gender의 하위 범주이므로 들여쓰기)				
Female				
p-value				

p-value estimated using t-test (어떤 분석을 사용하였는지 쓰기)

표는 크게 제목과 내용으로 나눌 수 있다. 제목은 표의 상단에 위치하며 아래와 같은 형식으로 적는다. 왼쪽 정렬을 하고, 맨 첫 글자는 대문자를 사용한다. Table 뒤에 오는 숫자는 표가 여러 개일 경우에 붙인다.

Table 1. Distribution of age according to gender

첫 번째 행에는 N(전체 관측치 수)과 퍼센트(%), 결과변수의 이름과 단위를 적고 그 아래에는 기술통계 결과인 평균(Mean)과 표준편차(SD)를 적는다.

열에는 주로 범주를 입력한다. 맨 위에는 전체(All)를 적고, 그 아래로 범주1, 범주2, …… 를 입력한다. 이때 하위 범주는 '들여쓰기'를 한다. 들여쓰기는 [홈 – 맞춤]에서 쉽게 할 수 있다. 또는 원하는 셀에 커서를 위치한 후 마우스를 우클릭하면 메뉴가 뜨는데 이때 [셀 서식] → [맞춤]을 선택해도 된다.

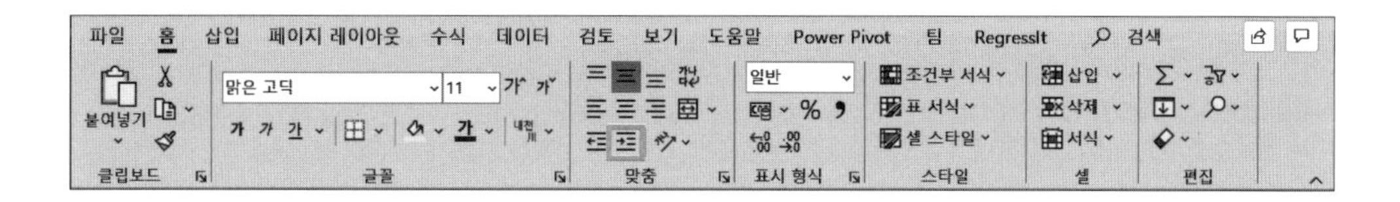

표의 맨 아래에는 표 안에 상세히 기술하지 못한 내용을 적는데 이를 footnote(각주)라고 한다. 어떤 분석을 사용해서 p-value를 구했는지, 축약어는 무엇을 뜻하는지 등을 적는다(이러한 내용은 5장에서 통계분석을 배우고 나서 쓰면 된다. 기술통계는 자료를 요약하는 것이므로 따로 통계분석 기법이라고 이름붙이지는 않는다).

엑셀에서 표를 만드는 과정은 다음과 같다.

① 새로운 시트를 열어서 셀에 기본 내용(제목, footnote 등)을 입력한다.
② 배경을 흰색으로 지정하고 테두리를 설정하여 틀을 만든다.
③ 분석 후 값을 채워 넣는다.

2 피벗 테이블

피벗 테이블은 데이터를 요약하는 통계 테이블이다. 엑셀의 고유 기능으로 별도의 설치 없이 사용할 수 있다.

2-1 한 가지 변수로 피벗 테이블 만들기

피벗 테이블을 이용하여 성별 도수분포표(frequency table)를 그려보자. 도수분포표는 특정 범주의 빈도나 횟수를 표현한 것으로 자료를 요약하는 방법 중 하나다. 한 가지 변수로 피벗 테이블을 만드는 것은 주로 개수를 구할 때 많이 사용한다. 예를 들어 데이터에 여자와 남자가 각각 몇 명씩 있는지, 각 소득분위에 몇 명씩 있는지 등을 알아볼 수 있다. 또한 평균이나 표준편차 같은 통계량을 구하는 데 사용하기도 한다. 엑셀에서 간단하게 식을 이용하여 구할 수도 있지만, 피벗 테이블로 구해보는 것도 새로운 경험일 것이다.

같이 해보기 4-1 **성별(sex) 분포표**

가장 먼저 해야 할 일은 표 틀을 미리 만드는 것이다. 새로운 워크시트를 열어 다음과 같이 표 틀을 만들도록 하자. 배경은 흰색으로 지정한다.

Table. Distribution of age according to gender

	N	%	Age (years)	
			Mean	SD
All				
Gender				
Male				
Female				
p-value				

p-value estimated using t-test

① ◢ 표시를 누르면 전체 데이터가 선택된다.

② 전체 데이터를 선택한 후에 [삽입] → [피벗 테이블]을 눌러 피벗 테이블을 만든다.

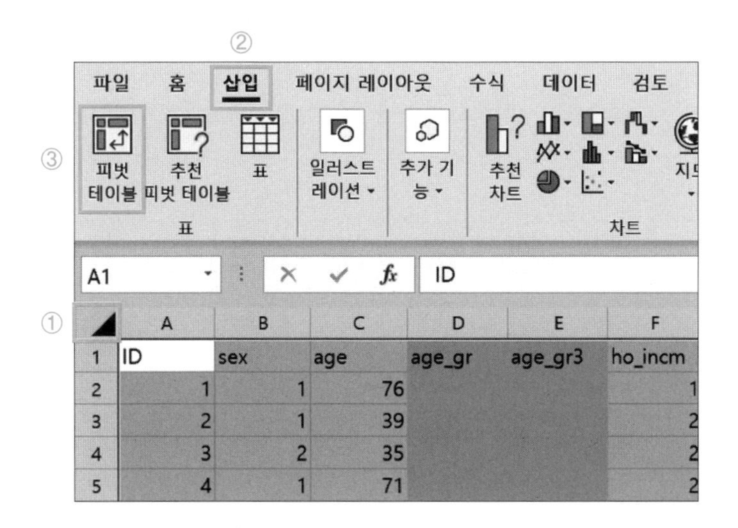

③ [피벗 테이블 만들기] 창에서는 분석할 데이터를 선택하고 피벗 테이블을 넣을 위치를 지정한다. 앞에서 전체 데이터를 선택했으므로 '표 또는 범위 선택'에서는 전체 데이터가 잘 선택되어 있는지만 확인하면 된다. 피벗 테이블 보고서를 넣을 위치는 '새 워크시트'로 하는 것을 권장한다. 보기에 편하기 때문이다. 이렇게 설정을 마친 후 [확인]을 눌러 창을 닫으면 피벗 테이블이 생긴다.

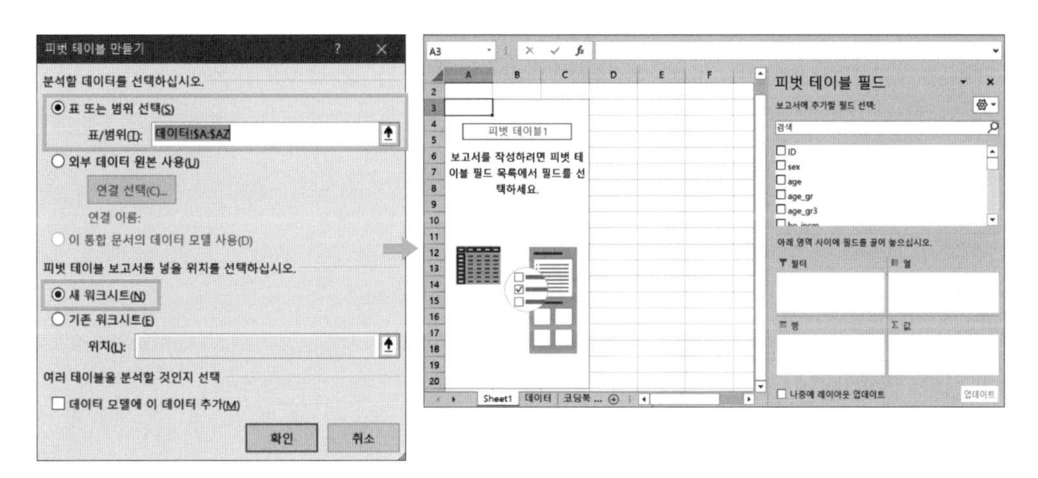

④ [피벗 테이블 필드]에서 'sex' 변수를 누른 후 '행'영역과 '값'영역에 끌어다 놓는다.

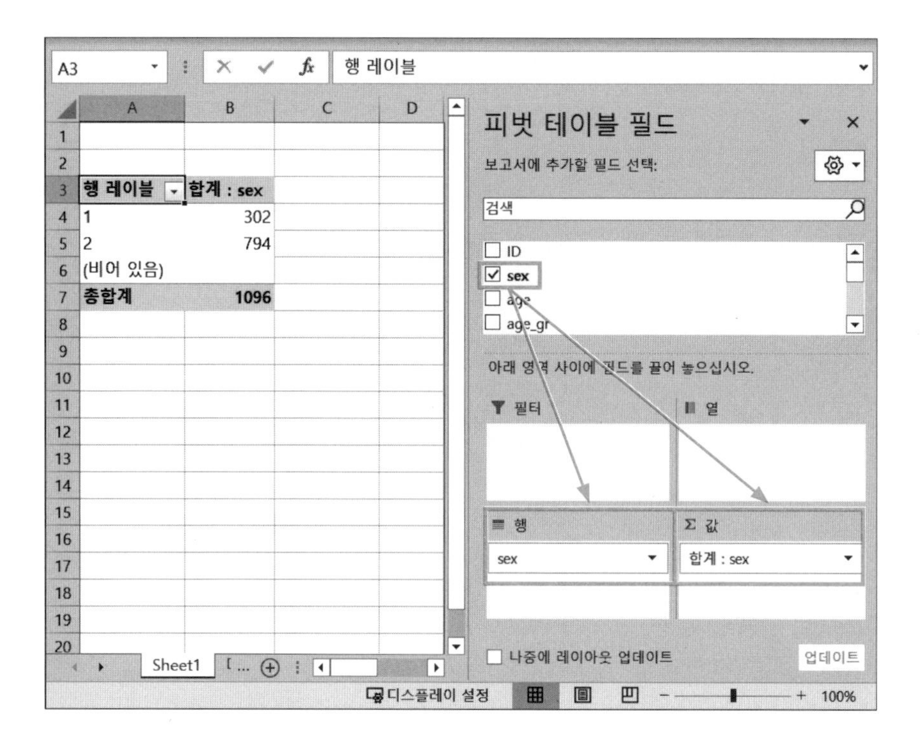

⑤ '값'영역을 클릭하여 [값 필드 설정]에서 '합계'를 '개수'로 변경하고 [확인]을 누르면 피벗 테이블이 완성된다.

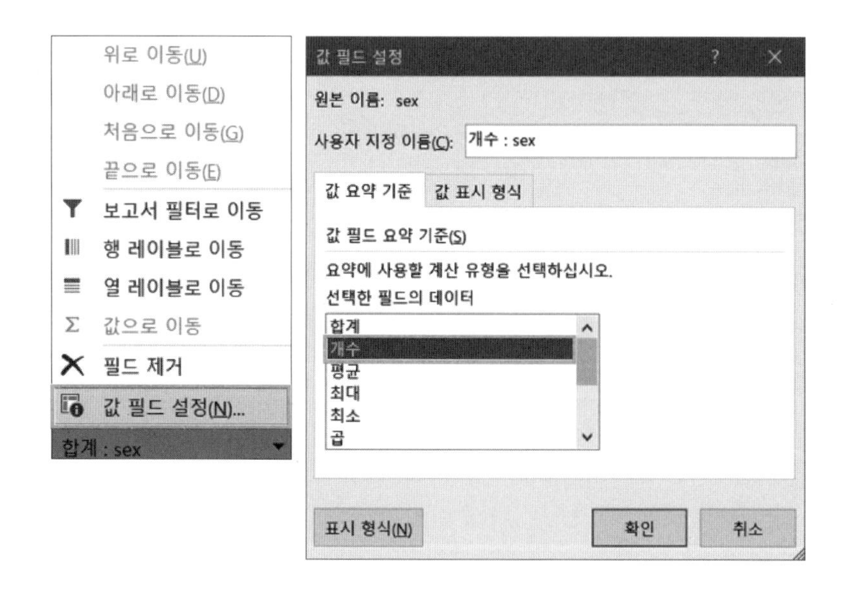

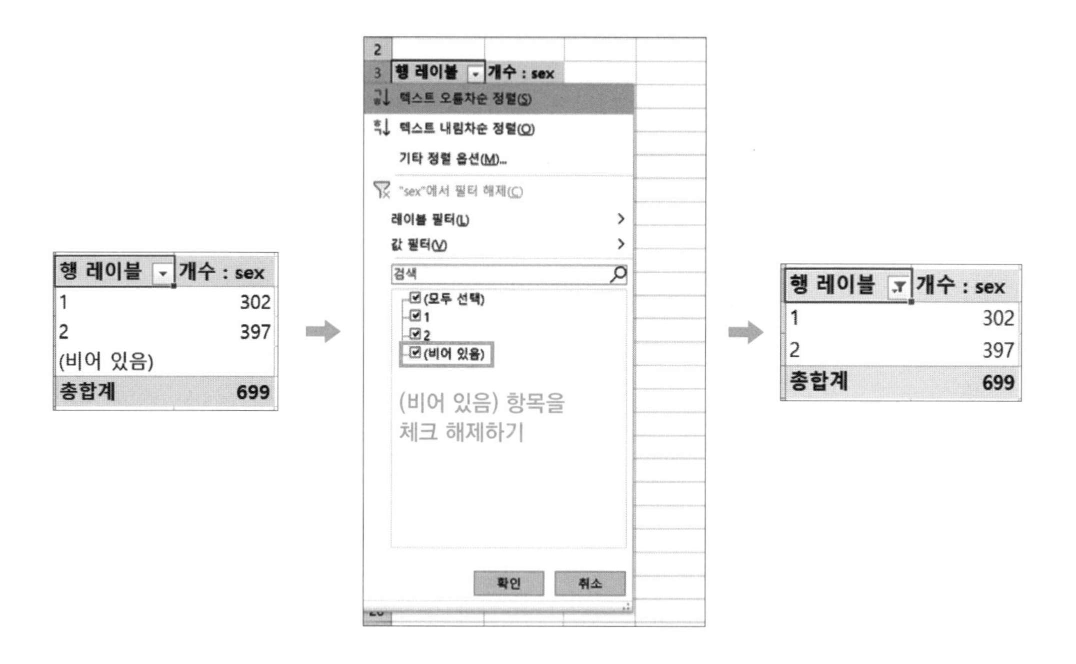

⑥ 만들어진 피벗 테이블의 행 레이블을 클릭하여 (비어 있음) 항목을 체크 해제하면 더 깔끔한 결과를 얻을 수 있다. 완성된 피벗 테이블을 보고 가장 먼저 해야 할 일은 총합계가 몇인지 확인하는 것이다. 이 데이터는 699개의 관측치로 이루어져 있으므로 총합계가 699가 맞다. 다음으로, 'sex' 변수는 1=남자, 2=여자를 뜻하므로 이 데이터에는 302명의 남성과 397명의 여성이 있다는 것을 알 수 있다.

⑦ 피벗 테이블의 값을 미리 만들어두었던 표로 옮긴다. N에 피벗 테이블의 값을 순서대로 복사하여 붙여넣고, 퍼센트(%)는 엑셀로 간단하게 계산하여 값을 채워나가면 된다. 퍼센트는 소수점 첫째 자리까지 쓴다.

% = Male 또는 Female의 개수 / 전체(N) * 100

Table. Distribution of age according to gender

	N	%	Age (years)	
			Mean	SD
All	699	100		
Gender				
Male	302	43.2		
Female	397	56.8		
p-value				

p-value estimated using t-test

같이 해보기 4-2 나이(age)의 평균과 표준편차

① 앞에서 만든 피벗 테이블을 복사하여 아래에 붙여넣는다[ctrl C + ctrl V]. 나이의 평균을 먼저 구해보자.

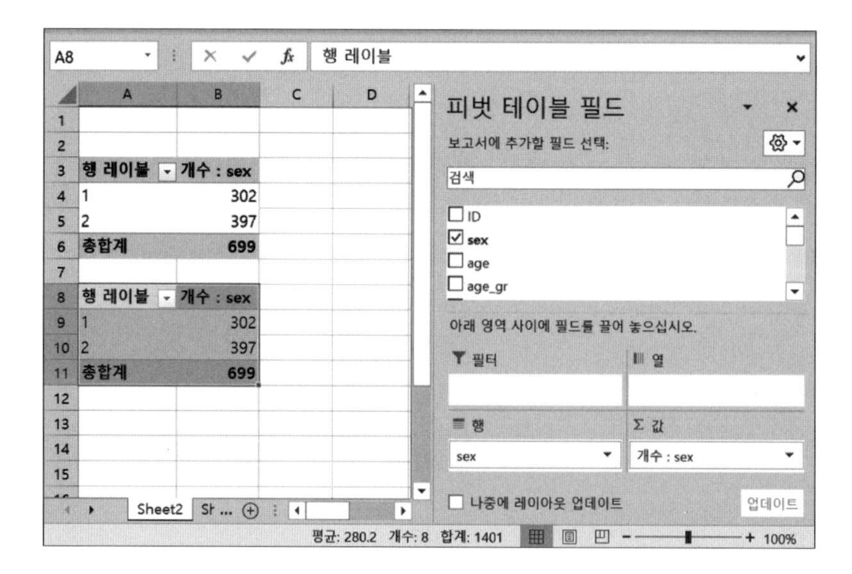

② '행' 영역에 있던 'sex' 변수를 제거한 후 '값' 영역에 'age' 변수를 끌어다 놓고 '합계'를 클릭하여 [값 필드 설정]을 한다.

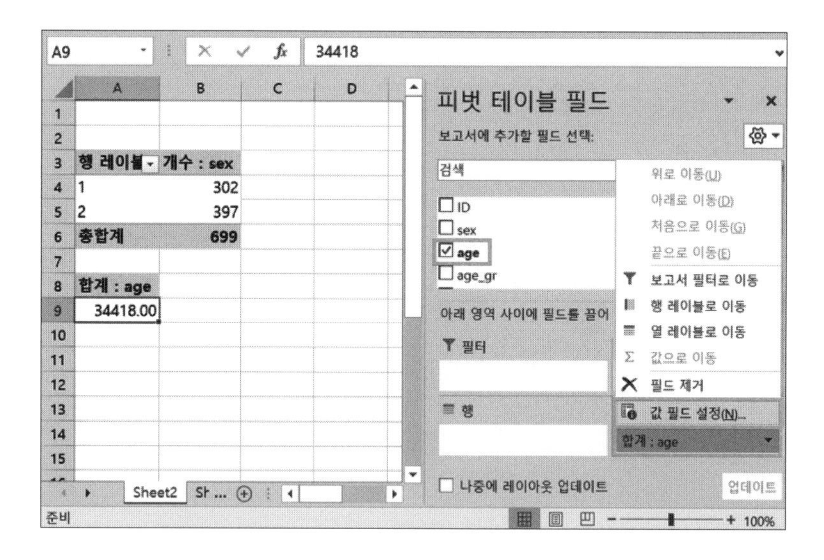

③ [값 필드 설정]에서 '합계'를 '평균'으로 바꾸고 [확인]을 누르면 피벗 테이블이 완성된다.

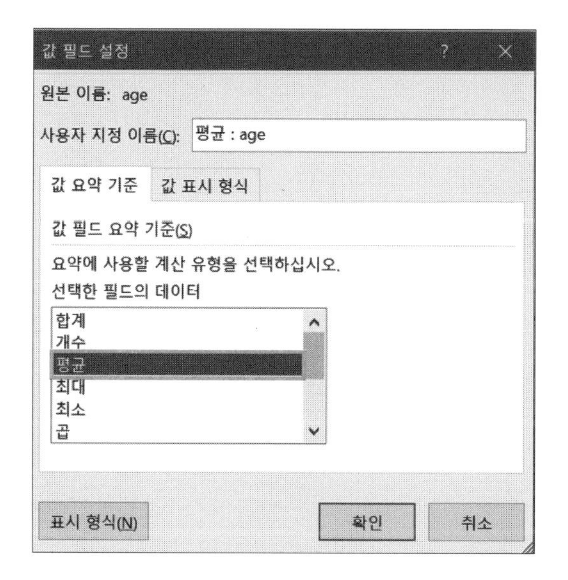

④ 다음으로 나이의 표준편차를 구해보자. 나이의 평균을 구한 피벗 테이블을 복사하여 아래에 붙여넣은 후에 [값 필드 설정]을 눌러 '평균'을 '표준편차'로 바꾸고 [확인]을 누르면 피벗 테이블이 완성된다.

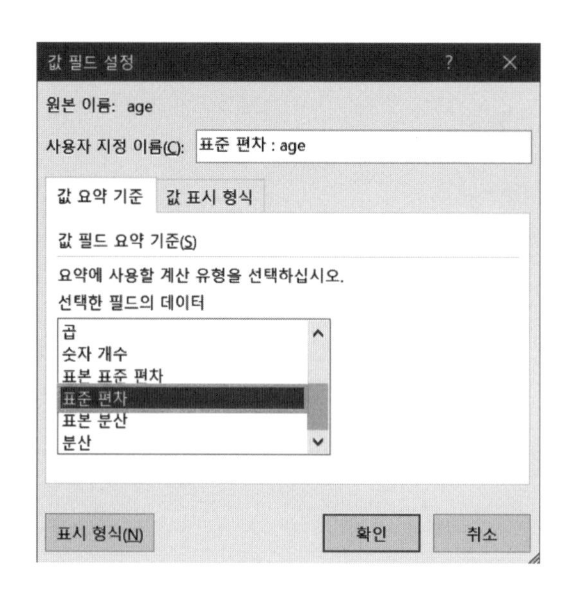

⑤ 완성된 피벗 테이블은 다음과 같다. 표준편차를 구할 때 기존에 있던 피벗 테이블을 바로 사용하지 않고 새로 복사해 구한 이유는 나중에 과정을 한눈에 알아볼 수 있도록 하기 위해서다.

7		
8	**평균 : age**	
9	49.24	
10		
11	**표준 편차 : age**	
12	16.08	
13		

⑥ 앞에서 만든 표에 나이의 평균(Mean)과 표준편차(SD) 값을 붙여넣으면 완성이다.

Table. Distribution of age according to gender

	N	%	Age (years)	
			Mean	SD
All	699	100	49.2	16.1
Gender				
Male	302	43.2		
Female	397	56.8		
p-value				

p-value estimated using t-test

2-2 두 가지 변수로 피벗 테이블 만들기

두 가지 변수로 피벗 테이블을 만들 때는 '열' 영역과 '행' 영역, '값' 영역에 어떤 변수가 들어갈 것인지 잘 확인해야 한다.

같이 해보기 4-3 성별(sex) 비만도(BMI_gr) 간의 분포표

① 가장 먼저 해야 할 일은 표 틀을 미리 만드는 것이다. 새로운 워크시트를 열어 다음과 같이 표를 만들어보자. 단위도 꼭 표기하고, 범주를 나눈 기준도 알아보기 쉽게 적어준다.

Table. Distribution of body mass index (BMI) according to gender

	All		Gender			
			Male		Female	
	N	%	N	%	N	%
All						
Body mass index (kg/m^2)						
Normal (<25)						
Overweight (25-<30)						
Obese (≥30)						
p-value						

p-value estimated using chi-square test

② 전체 데이터를 선택한 후에 [삽입] →[피벗 테이블]을 누르거나, 앞에서 사용했던 피벗 테이블을 복사하여 붙여넣어 새로운 피벗 테이블을 만든다.

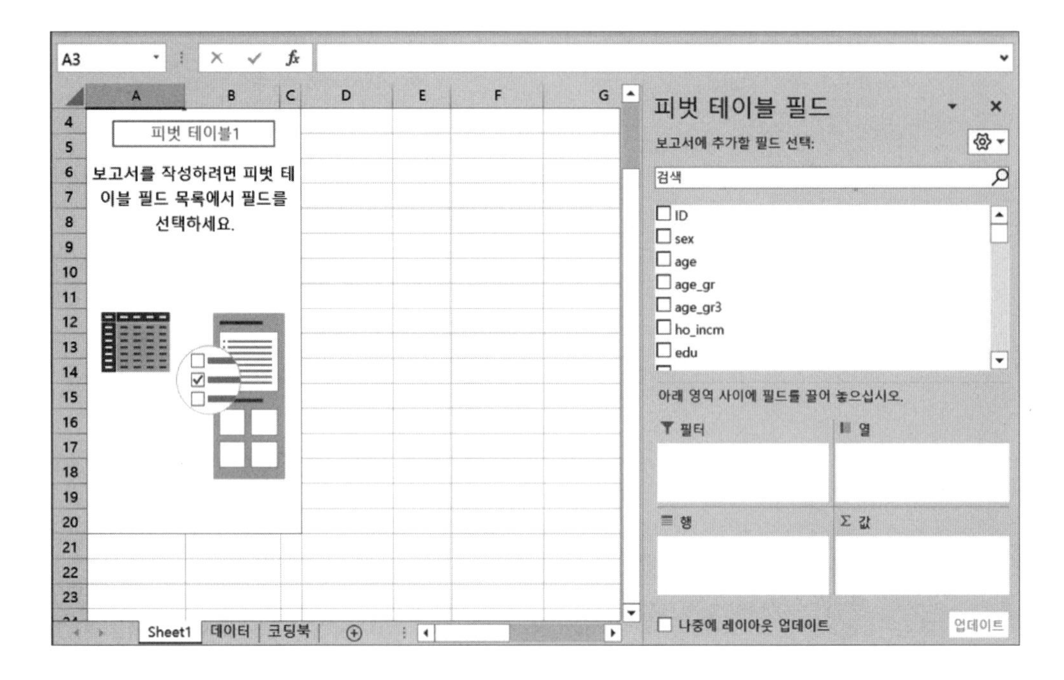

③ [피벗 테이블 필드]에서 '열' 영역에는 'sex' 변수를, '행' 영역에는 'BMI_gr' 변수를, '값' 영역에는 'BMI_gr' 변수를 드래그하여 넣는다. 그다음 '값' 영역을 클릭하고 [값 필드 설정]에서 '합계'를 '개수'로 변경한다.

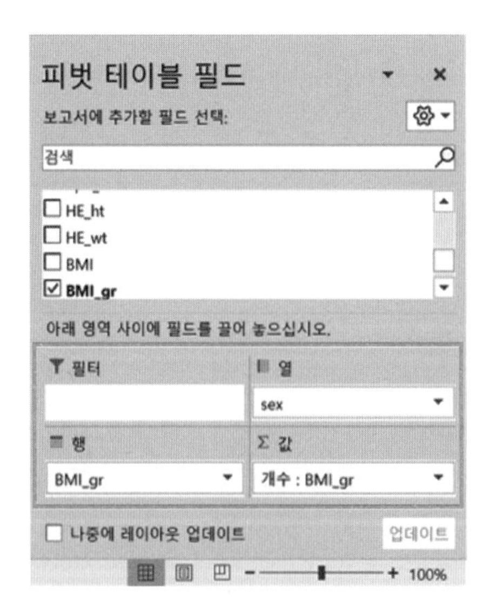

④ 완성된 피벗 테이블은 다음과 같다. 이때 (비어 있음) 항목은 체크 해제한 상태다. 가장 먼저 총합계가 699가 맞는지 확인해야 한다. '열 레이블'은 [1=남자, 2=여자]이고 '행 레이블'은 [1=25 미만, 2=25-30 미만, 3=30 이상]이다. **〈같이 해보기 4-1: 성별(sex) 분포표〉**에서 구한 남성과 여성의 분포와 비교해보면 남성 302명, 여성 397명으로 딱 맞아떨어지는 것을 확인할 수 있다. 비만도 분포는 25 미만이 493명으로 가장 많았고, 25 이상 30 미만이 180명, 30 이상이 26명 순서로 적었다.

개수 : BMI_gr	열 레이블		
행 레이블	1	2	총합계
1	186	307	493
2	105	75	180
3	11	15	26
총합계	302	397	699

⑤ 앞에서 만든 표에 구한 값을 붙여넣으면 완성이다. 퍼센트(%)는 엑셀로 간단하게 계산하여 값을 채우면 된다.

Table. Distribution of body mass index (BMI) according to gender

	All		Gender			
			Male		Female	
	N	%	N	%	N	%
All	699	100	302		397	
Body mass index (kg/m^2)						
Normal (<25)	493	70.5	186	61.6	307	77.3
Overweight (25-<30)	180	25.8	105	34.8	75	18.9
Obese (≥30)	26	3.7	11	3.6	15	3.8
p-value						

p-value estimated using chi-square test

같이 해보기 4-4 성별(sex) 나이(age)의 평균과 표준편차

① 〈같이 해보기 4-2: 나이(age)의 평균과 표준편차〉에서 사용했던 표를 다시 가져온다. 앞에서는 전체 나이의 평균과 표준편차를 구해봤다면, 이번에는 성별에 따른 나이의 평균과 표준편차를 구해볼 것이다.

Table. Distribution of age according to gender

	N	%	Age (years)	
			Mean	SD
All	699	100	49.2	16.1
Gender				
Male	302	43.2		
Female	397	56.8		
p-value				

p-value estimated using t-test

② 바로 앞에서 사용했던 피벗 테이블을 복사하여 새로운 피벗 테이블을 만든다. 먼저 성별 나이의 평균을 구해보자. [피벗 테이블 필드]에서 '열' 영역에 'sex' 변수를, '값' 영역에 'age' 변수를 끌어다 놓는다. '값' 영역을 클릭하고 [값 필드 설정]에 들어가 '합계'를 '평균'으로 바꾸고 [확인]을 누르면 피벗 테이블이 완성된다.

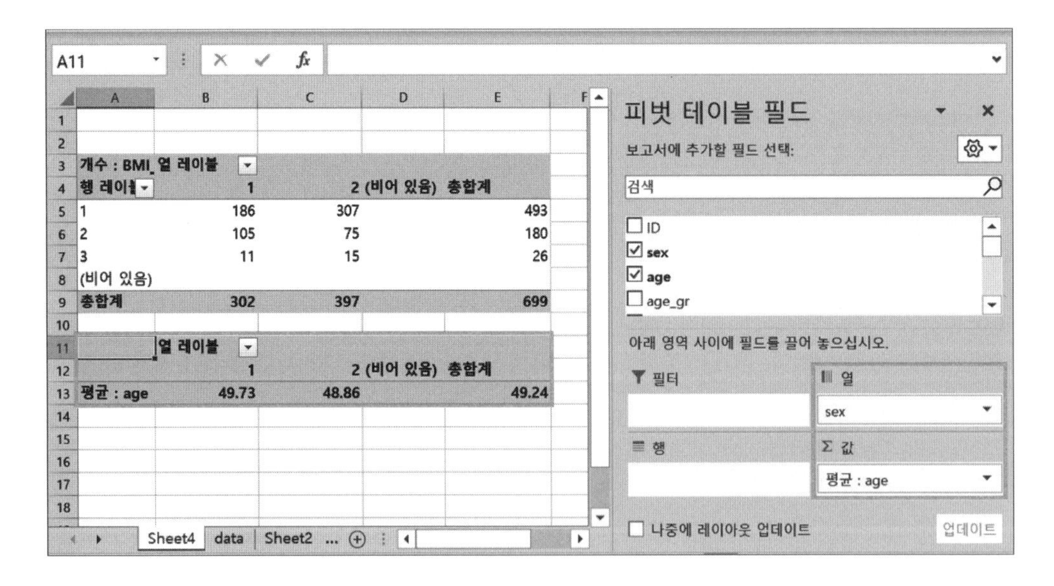

③ 이제 성별 나이의 표준편차를 구해보자. 성별 나이의 평균을 구할 때와 똑같이 앞에서 사용했던 피벗 테이블을 복사하여 새로운 피벗 테이블을 만들고, 각 영역에 변수를 끌어다 놓는다. 한 가지 다른 점은 [값 필드 설정]에서 '평균'이 아닌 '표준편차'를 선택한다는 점이다.

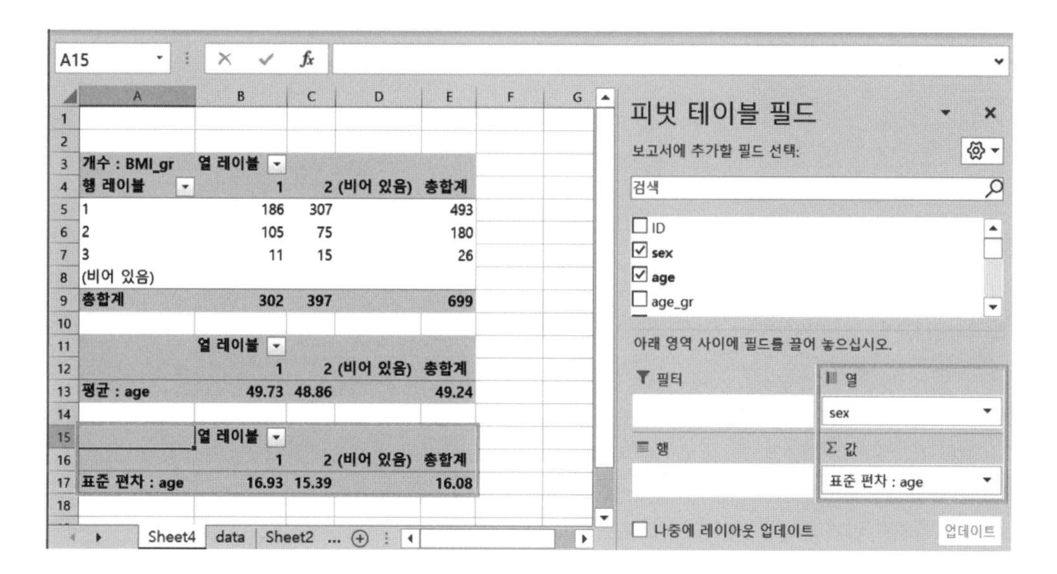

④ 표에 평균(Mean)과 표준편차(SD) 값을 붙여넣으면 완성이다.

Table. Distribution of age according to gender

	N	%	Age (years)	
			Mean	SD
All	699	100	49.2	16.1
Gender				
Male	302	43.2	49.7	16.9
Female	397	56.8	48.9	15.4
p-value				

p-value estimated using t-test

3 그래프

엑셀의 그래프는 쉽고 간편하게 그릴 수 있으며 보기에도 좋아 이용자가 편리하게 사용할 수 있다. 그래프 종류에는 막대그래프, 원형그래프, 꺾은선형그래프, 분산형 그래프, 상자수염그림, 히스토그램, 콤보차트 등이 있다.

3-1 막대그래프

막대그래프는 범주형 데이터를 알아보기 쉽게 그래프로 나타낸 것이다. 수량을 나타낸 것이기 때문에 개수의 많고 적음을 비교하기 좋다. 엑셀에서 [삽입] → [추천 차트]를 누르면 다음과 같이 지원하는 모든 그래프(차트)를 볼 수 있다. '세로 막대형' 그래프는 총 7가지를 지원한다.

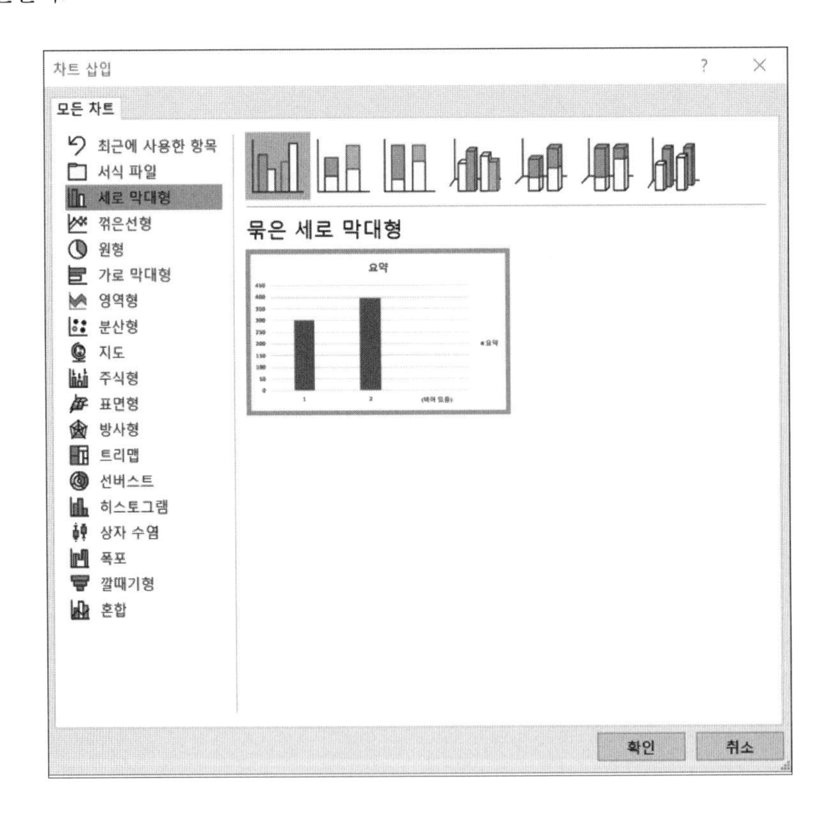

같이 해보기 4-5 성별(sex) 분포 막대그래프 그리기

① 성별 분포를 알아보기 위한 피벗 테이블을 만든다(2-1절 '한 가지 변수로 피벗 테이블 만들기' 참조, p. 46). 그런 다음 [삽입]에 마우스 커서를 올리면 여러 가지 그래프가 뜨는데, 이 중에서 '2차원 세로 막대형'의 첫 번째 그래프를 클릭한다.

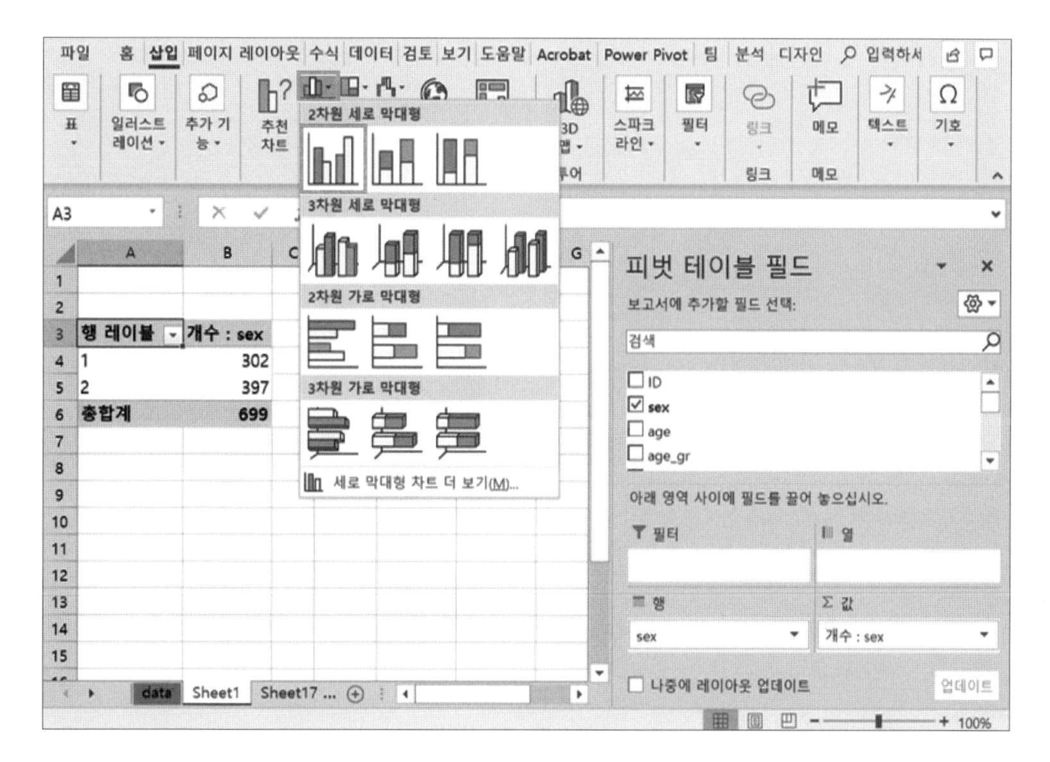

② 막대그래프가 만들어지면 성별이 구분되도록 막대의 색깔을 바꾼다. 가로축이 2인 막대만 클릭하여 [데이터 계열 서식]으로 들어간다. 채우기 옵션 중 '단색 채우기'를 선택한 후 1번 막대와 대비되는 색깔을 골라 클릭한다.

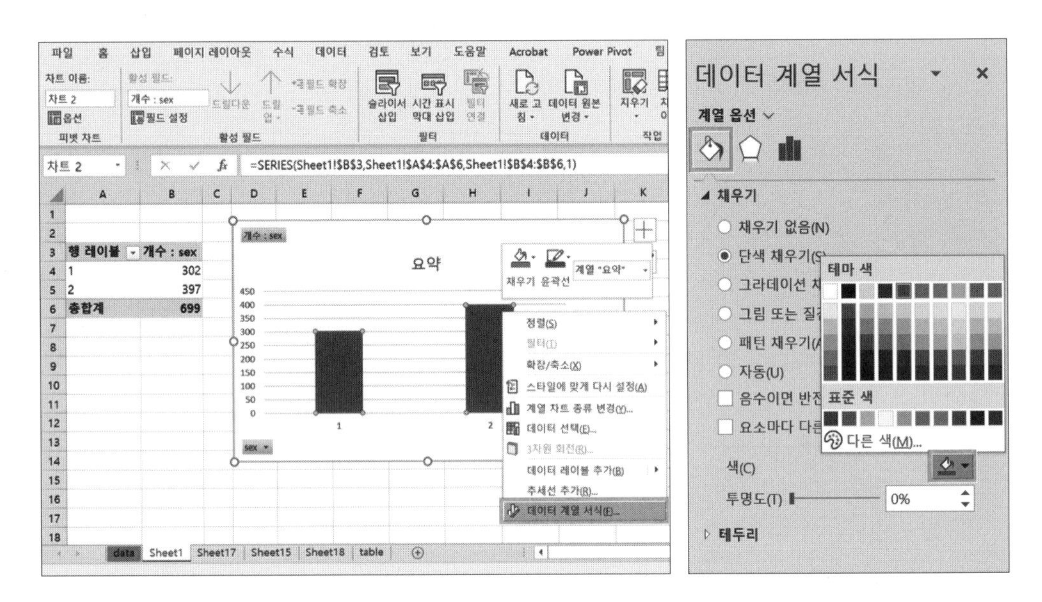

③ 성별 항목을 변경한다. 피벗 테이블의 '행 레이블'에서 1과 2를 각각 'Male'과 'Female'로 바꾸면 자동으로 그래프의 가로축도 바뀐다.

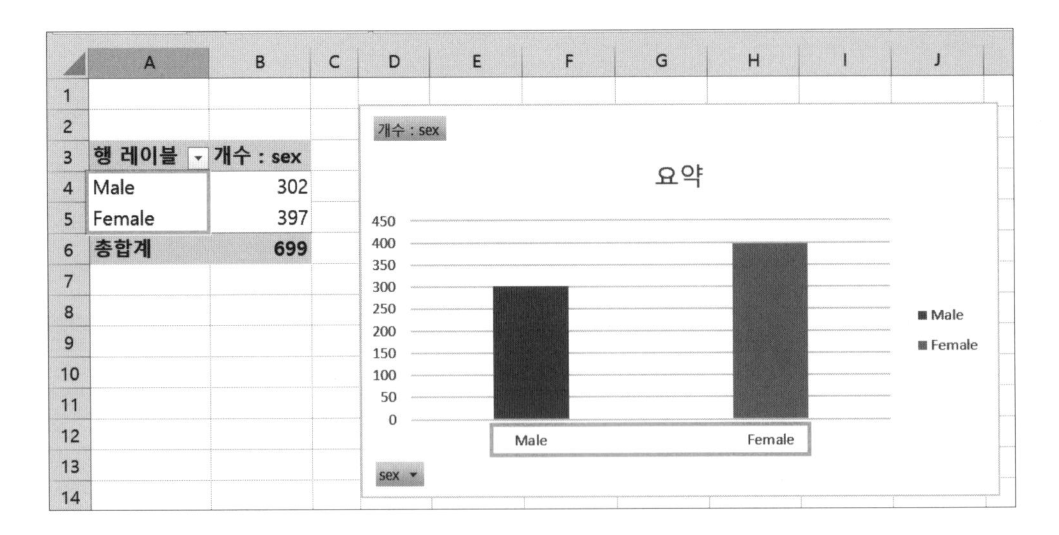

④ 차트 제목을 변경한다. 그래프에 있는 제목을 직접 클릭하면 제목을 바꿀 수 있다. '성별 분포'라고 적는다.

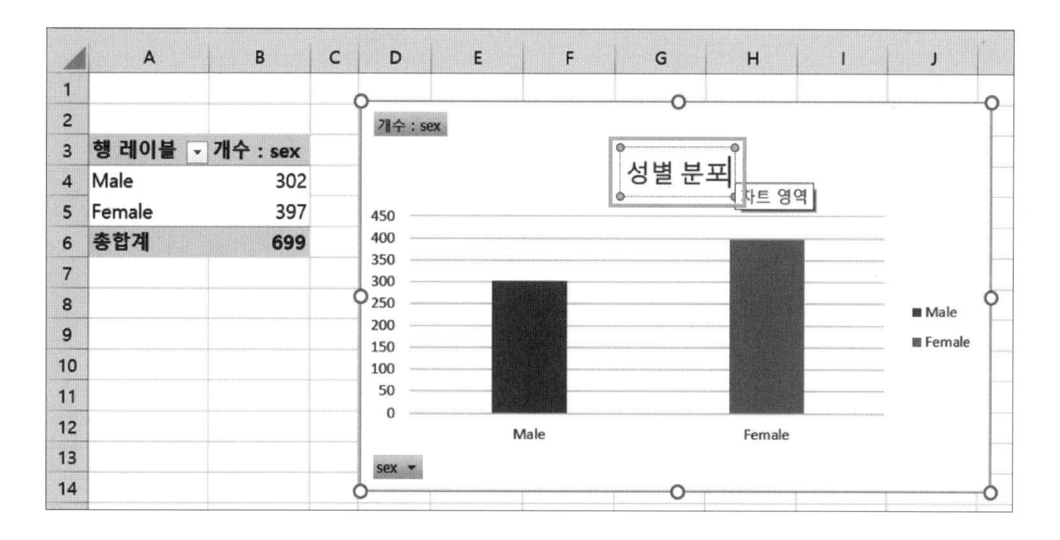

⑤ 세로축 숫자를 변경한다. [축 서식] → [축 옵션] → [단위]에서 기본을 '50'에서 '100'으로 바꾼다.

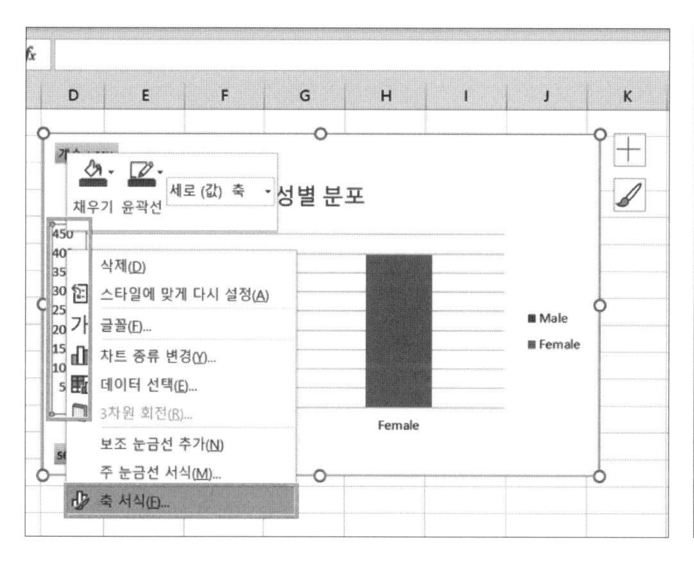

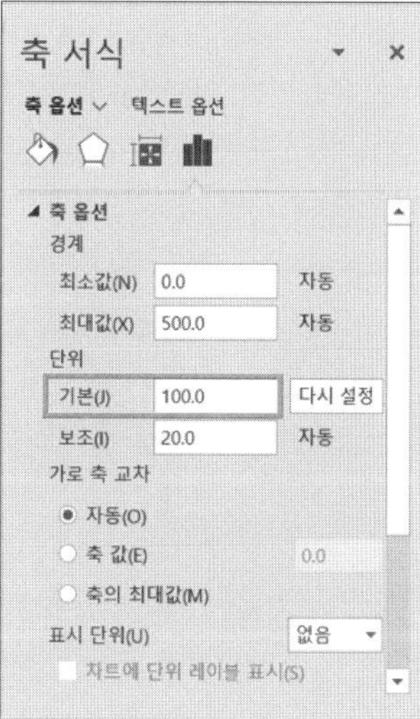

⑥ 성별 분포 막대그래프가 아래와 같이 완성된다.

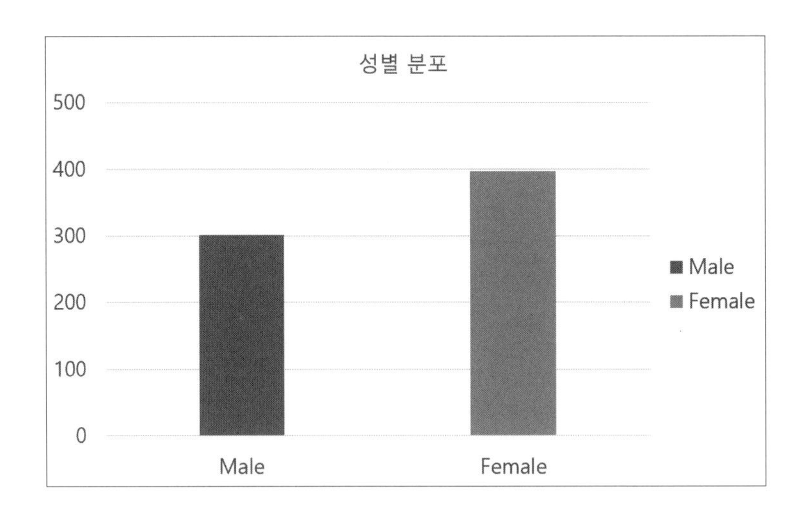

3-2 원형그래프

원형그래프는 전체에 대한 각 부분의 비율을 부채꼴 모양으로 나타낸 그래프로, 전체적인 비율을 한눈에 볼 수 있다는 장점이 있다. 엑셀에서 [삽입] → [추천 차트]를 누르면 다음과 같이 지원하는 모든 그래프(차트)를 볼 수 있다. 원형그래프는 총 5가지를 지원한다.

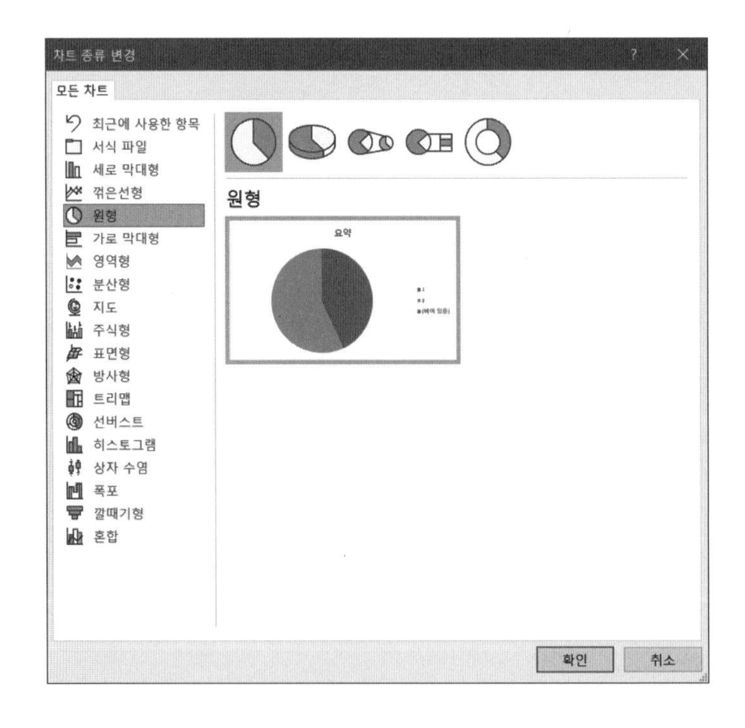

같이 해보기 4-6 성별(sex) 분포 원형그래프 그리기

① 앞 절에서 그렸던 성별 분포 막대그래프를 그래프 종류만 바꾸어 원형그래프로 그려 보자. '성별 분포 막대그래프'를 우클릭하면 [차트 종류 변경]이 나온다. 여기서 '원형'을 선택하고 [확인]을 누른다.

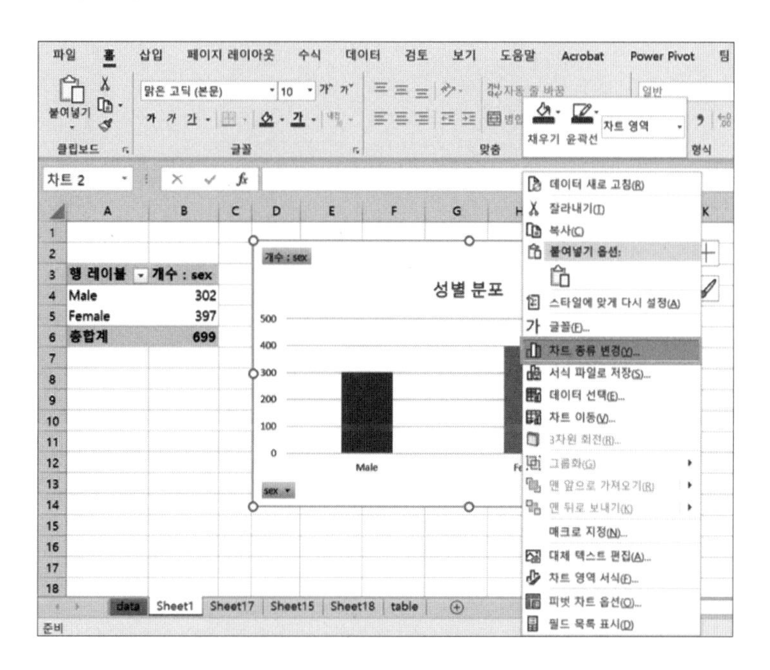

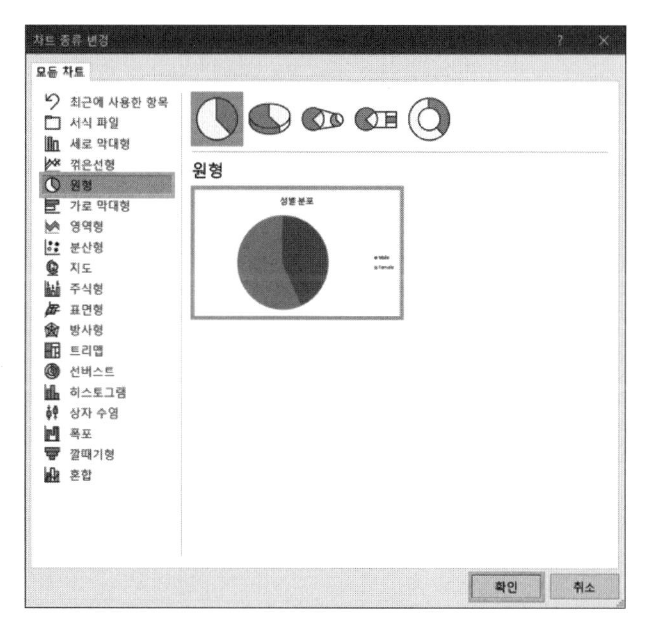

② 막대그래프가 원형그래프로 바뀐 것을 확인한 후 원형그래프에서 우클릭을 하여 '데이터 레이블 추가'를 누른다. 이는 각 범주의 값을 표기하기 위함이다.

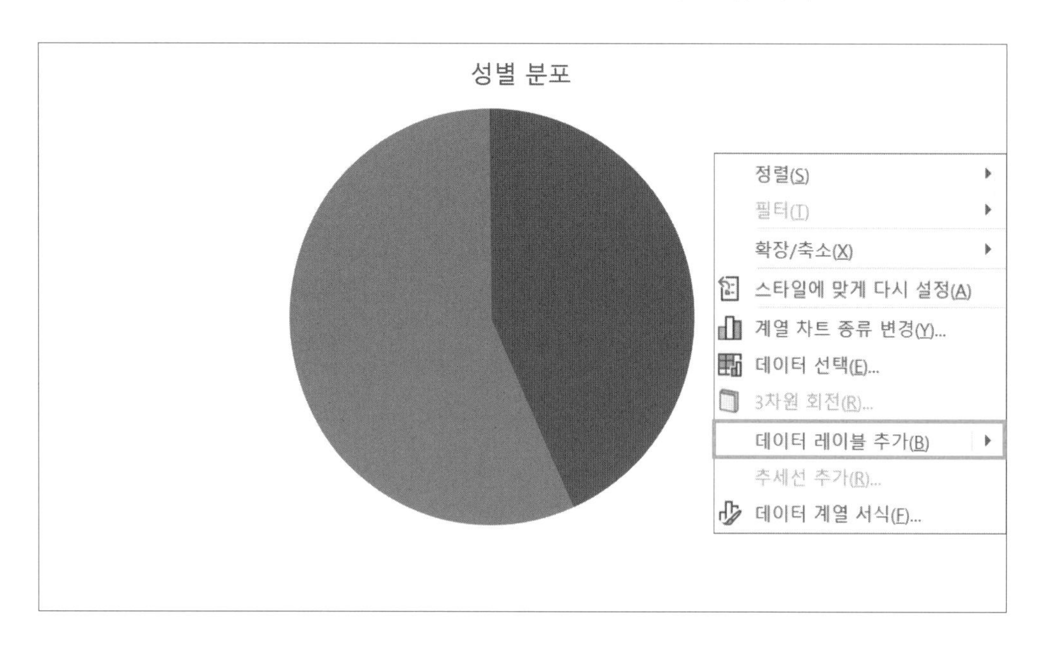

③ 성별 분포 원형 그래프가 다음과 같이 완성된다.

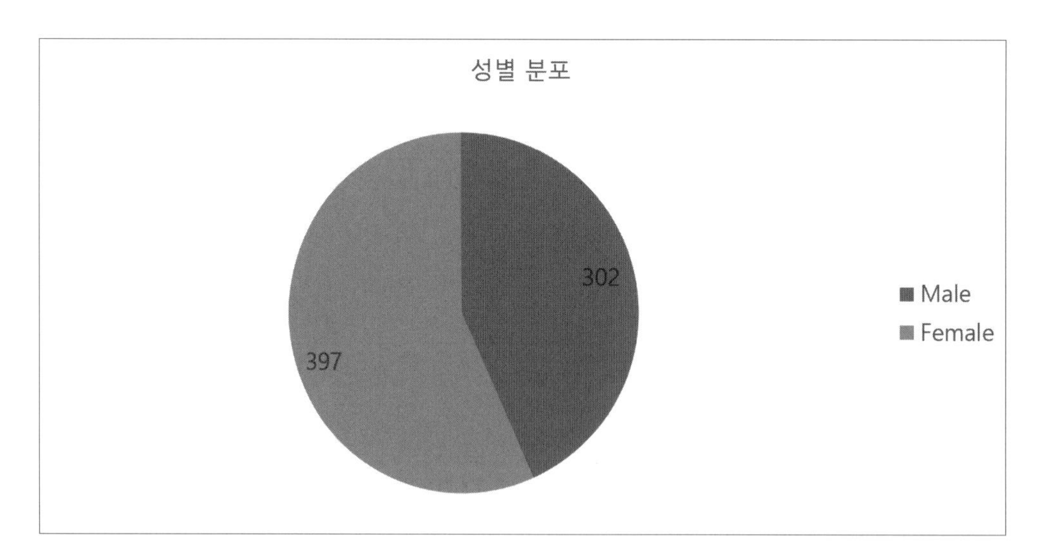

3-3 상자수염그림(boxplot)

상자수염그림(상자그림, 박스플롯)은 최솟값과 최댓값, 사분위수를 이용하여 자료를 표현하는 그래프이다. 여러 개 집단의 분포를 한 공간에 나타내 비교할 수 있으며 중심과 산포를 한눈에 파악할 수 있다는 장점이 있다. 또 이상점(outlier)을 알아보기에도 유용하다. 단, 상자수염그림을 그릴 때는 '연속형 자료'만 사용할 수 있기 때문에 주의해야 한다.

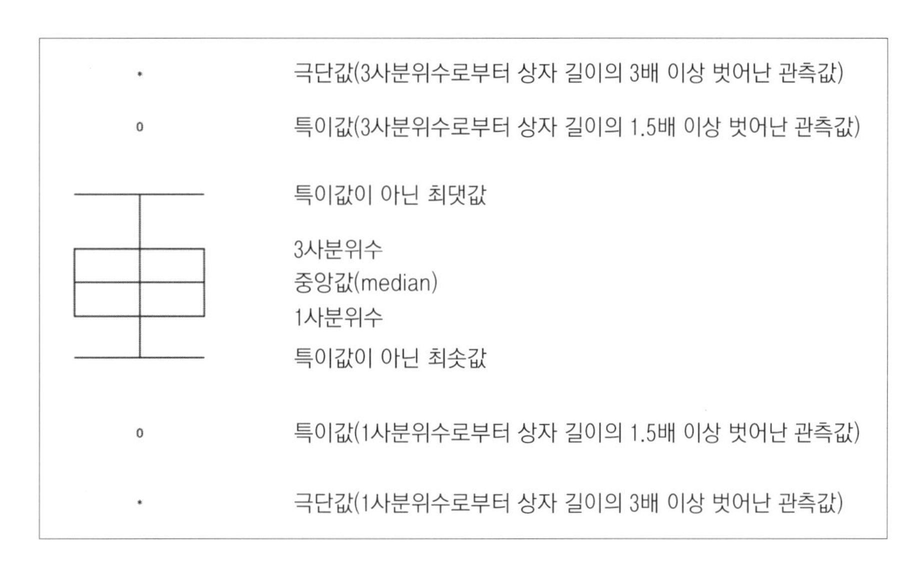

같이 해보기 4-7 생애주기별 연령군 BMI 분포 상자수염그림 그리기

① 기존의 데이터에서 생애주기별 연령군(age_gr3) 변수와 BMI 변수만을 복사하여 새 워크시트에 붙여넣고, 필터 기능을 이용하여 생애주기별 연령군을 기준으로 오름차순 정렬을 한다. 다음으로, 각 그룹의 BMI 값을 복사하여 옆에 새로운 변수 3개를 만든다.

D1 | 45세 미만

	A	B	C	D	E	F	G	H
1	age_gr3	BMI		45세 미만	45세 이상	65세 이상		
2	1	21.268		21.268	18.8968	21.4834		
3	1	20.2922		20.2922	24.7556	18.5918		
4	1	24.7288		24.7288	22.0995	24.5243		
5	1	21.9508		21.9508	16.3255	25.4357		

② [삽입] → [추천 차트]를 누르면 다음과 같은 창이 뜬다. '모든 차트'에서 '상자 수염'을 클릭하고 [확인]을 누른다.

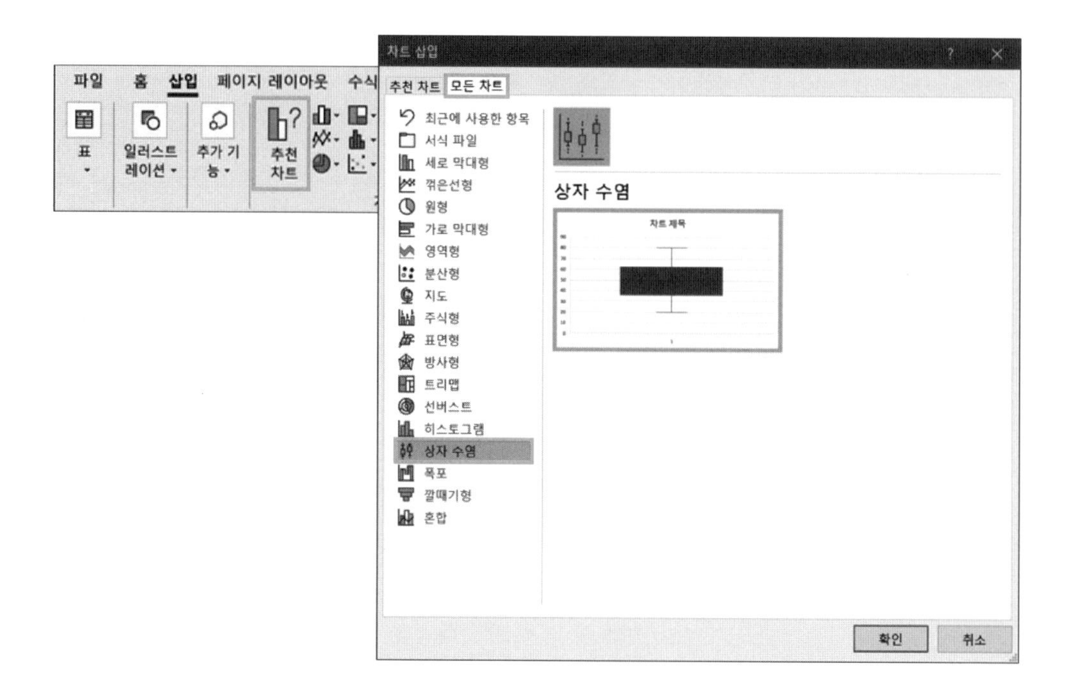

③ 차트 제목과 축 제목을 변경한 후 [축 서식] → [축 옵션]에서 경계의 최솟값을 10으로 설정해준다.

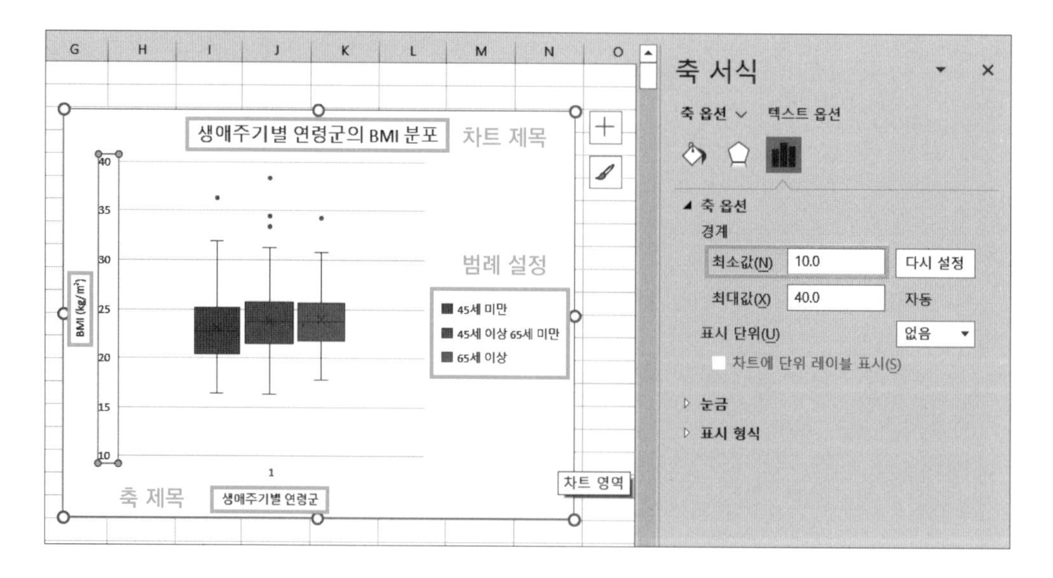

④ 생애주기별 연령군 BMI 분포 상자수염그림이 다음과 같이 완성된다.

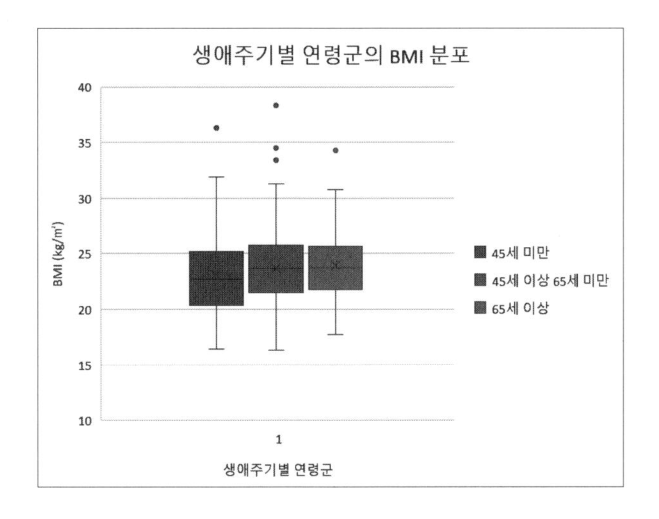

3-4 히스토그램

히스토그램은 도수분포표에서 계급을 가로축에, 도수를 세로축에 표시한 그림이다. 앞의 3-1절에서 그려본 막대그래프와 모양이 비슷하지만, 히스토그램은 연속형 자료의 분포를 나타내고 막대그래프는 범주형 자료의 분포를 나타낸다는 점에서 분명한 차이가 있기 때문에 주의해야 한다. 형태적으로 다른 점은 막대그래프의 막대는 서로 떨어져 있지만 히스토그램의 막대는 붙어 있다는 것이다. 다만, 엑셀에서는 히스토그램의 막대도 떨어져 있으므로 유념해야 한다.

히스토그램을 그릴 때 엑셀 2016 버전부터는 [차트]에서 선택하여 그리면 되고, 그 이전 버전에서는 [데이터] → [데이터 분석]을 선택한 후 아래와 같이 '히스토그램'을 선택해 그리면 된다([데이터 분석] 옵션은 엑셀의 추가 기능으로 이에 관해서는 5장에서 설명한다).

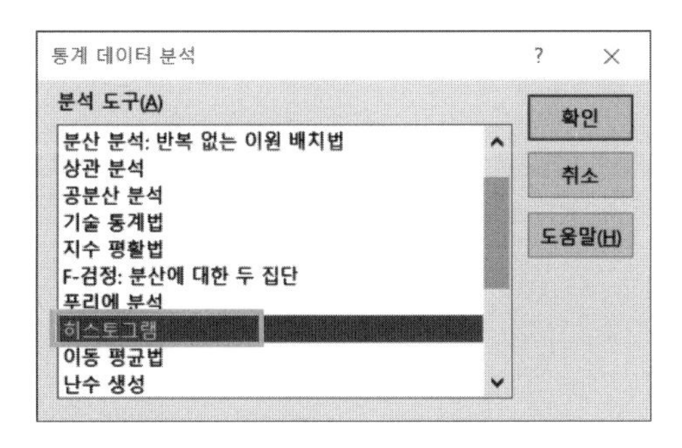

본서에서는 엑셀 2016 버전을 활용하여 상자그림을 히스토그램으로 변경해보았다.

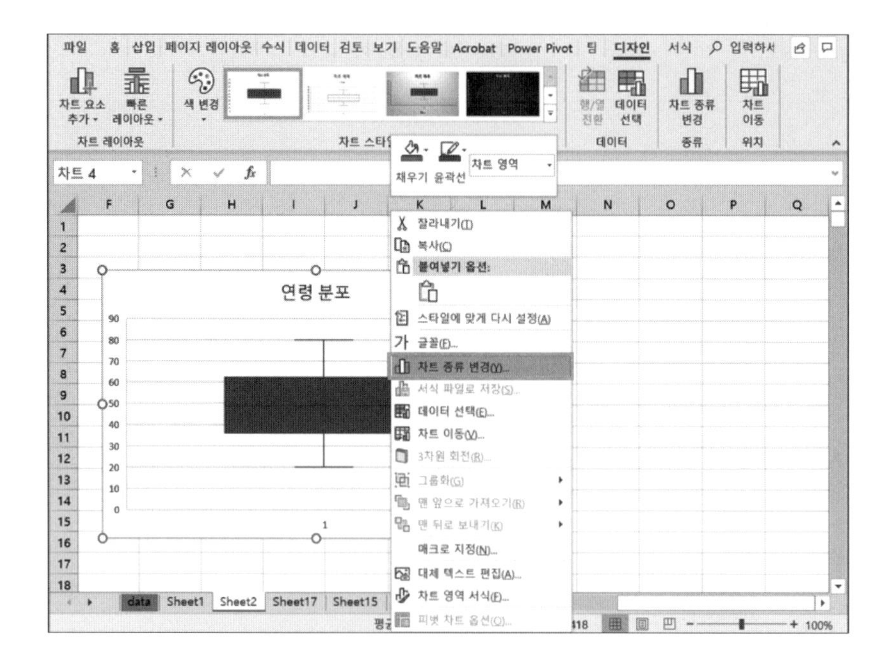

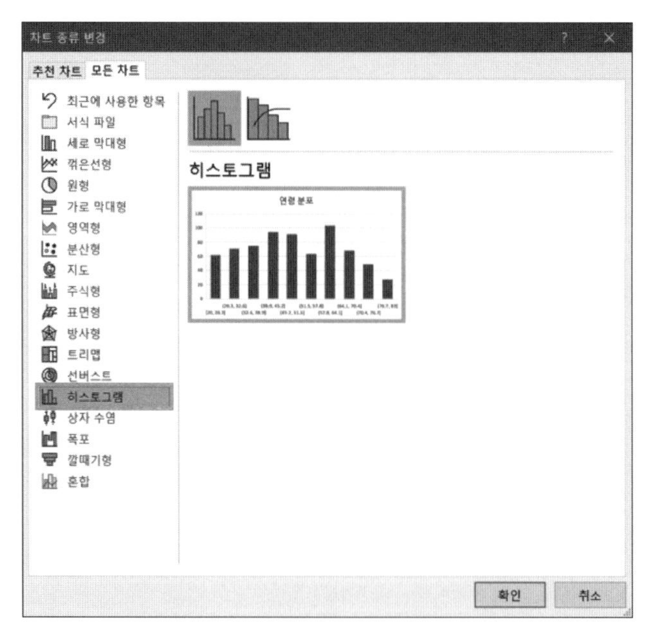

차트에 커서를 놓은 뒤 마우스를 우클릭하면 '계급구간 너비'를 조정할 수 있다.

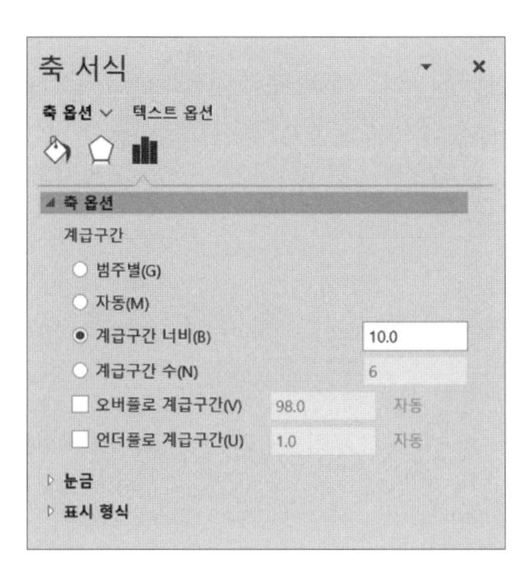

다음과 같이 완성된 히스토그램이 나타난다.

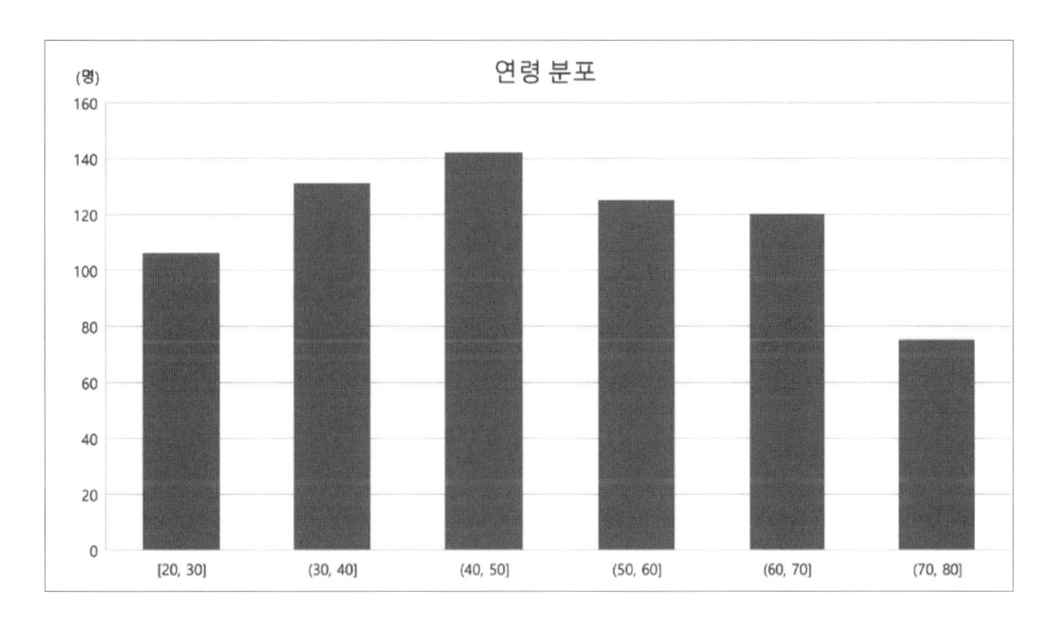

3-5 꺾은선형그래프

꺾은선형그래프는 시간에 따른 자료의 변화 추이를 보여주는 그래프이다. 본서에서는 날짜별 COVID-19 국내 확진자 수(자료원: 질병관리청) 변화 추이를 보여주는 그래프를 그려보았다. 원하는 데이터를 선택하고 [삽입] → [꺾은선형차트]를 차례로 클릭하면 차트가 완성된다. 그래프상에서 2월 18일을 기점으로 기울기가 상승하는 것을 확인할 수 있다.

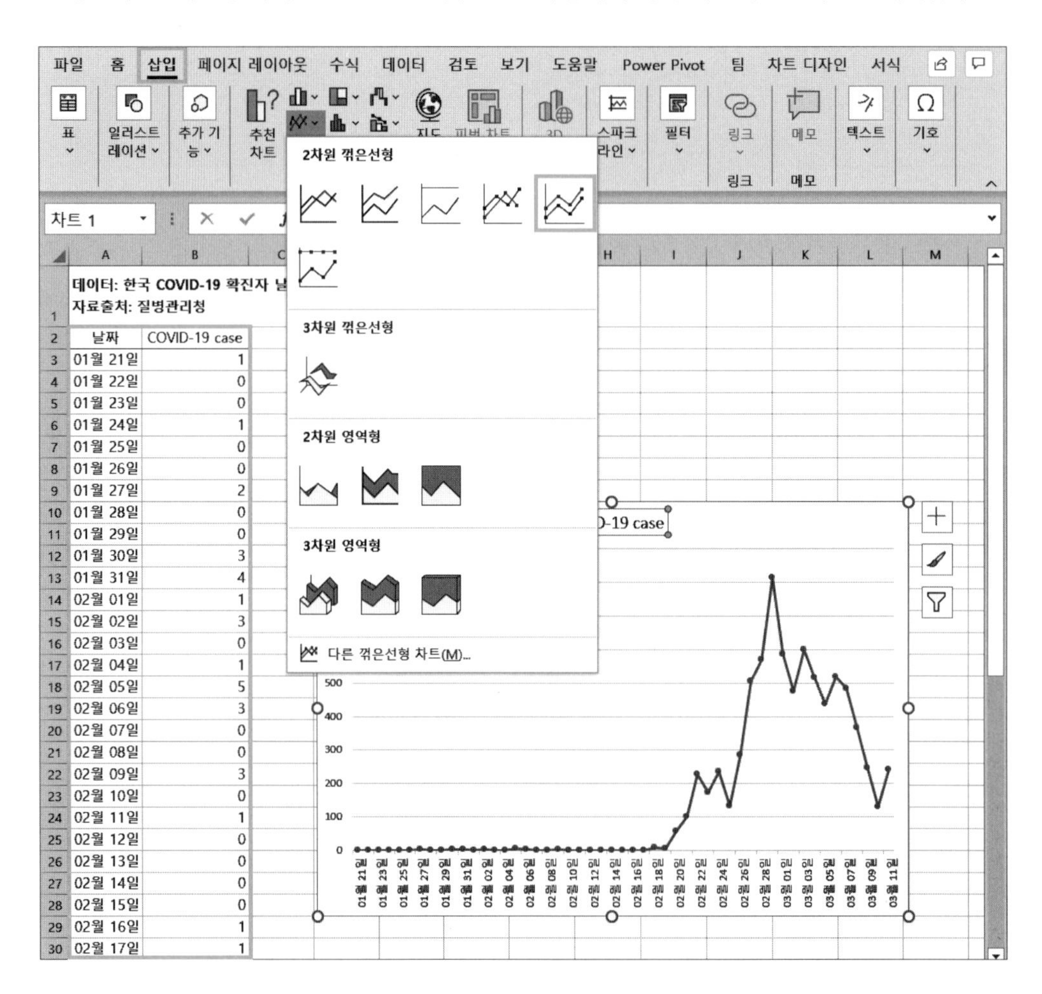

3-6 콤보차트

콤보차트는 공통 x축에 대하여 2개의 y축을 갖는 그래프이다. y축에 대한 자료의 범위가 다르지만 하나의 그래프에 담고 싶을 때 사용하는 그래프이다. 예를 들면 아래의 실습 사례처럼 COVID-19 일일 확진자 수와 누적 확진자 수를 하나의 그래프에 표현할 때 사용한다.

같이 해보기 4-8 COVID-19 일일 확진자 수와 누적 확진자 수 그래프

① '누적 확진자 수' 변수는 기존의 '일일 확진자 수' 변수로부터 만든다. 이때 고정값의 개념을 사용하면 편리하다. 고정하기를 원하는 알파벳이나 번호 앞에 $를 붙여 고정값을 지정한다. 고정값을 지정한 뒤 셀을 복사하여 다른 곳에 붙여넣기하면 된다. 엑셀에서 $은 복사하여 붙여도 변하지 않는 절대 주소를 의미한다. 알파벳 앞에 $을 사용하면 열을 고정할 수 있고, 숫자 앞에 $을 사용하면 행을 고정할 수 있다.

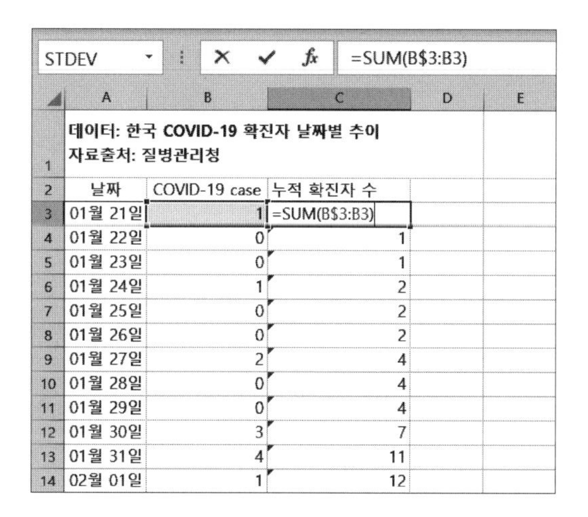

STDEV | =SUM(B$3:B3)

	A	B	C	D	E
1	데이터: 한국 COVID-19 확진자 날짜별 추이 자료출처: 질병관리청				
2	날짜	COVID-19 case	누적 확진자 수		
3	01월 21일	1	=SUM(B$3:B3)		
4	01월 22일	0	1		
5	01월 23일	0	1		
6	01월 24일	1	2		
7	01월 25일	0	2		
8	01월 26일	0	2		
9	01월 27일	2	4		
10	01월 28일	0	4		
11	01월 29일	0	4		
12	01월 30일	3	7		
13	01월 31일	4	11		
14	02월 01일	1	12		

② 그래프로 표현하고 싶은 데이터 영역 전체를 선택한 후 [삽입] → [차트]를 클릭하면 아래와 같은 화면이 뜬다. 이때 차트의 종류를 [혼합]으로 선택한 후 [보조축]으로 선택할 y축 변수를 클릭하고, 각각의 y 변수별로 표현하고 싶은 차트 종류를 선택하면 된다. 본서에서는 COVID-19 누적 확진자 수를 꺾은선형으로 선택하였다.

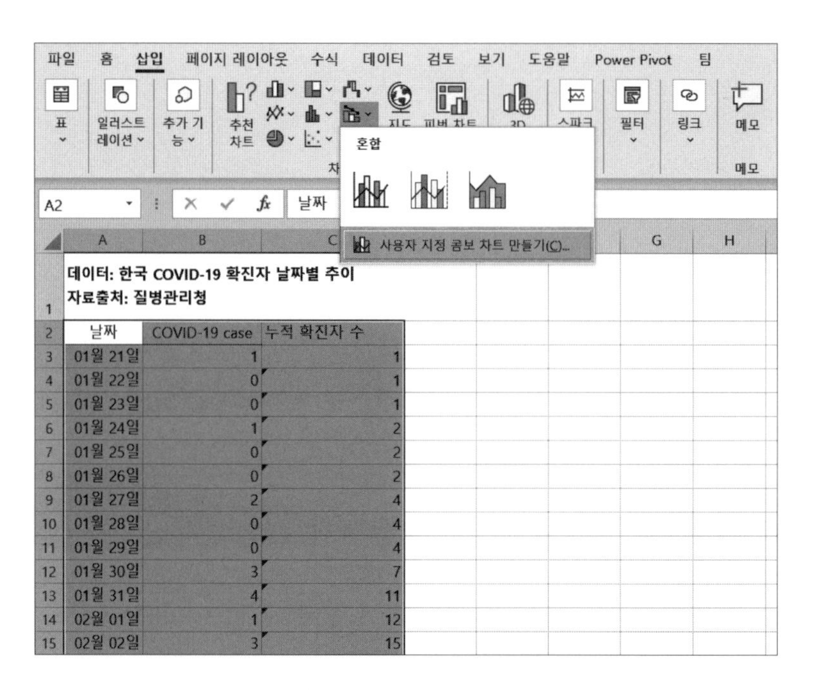

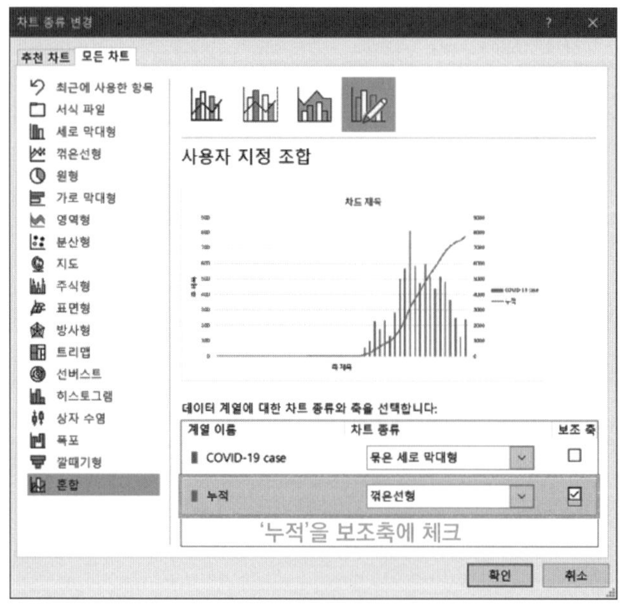

③ 차트 제목, 축 제목, 범례 등을 변경한다.

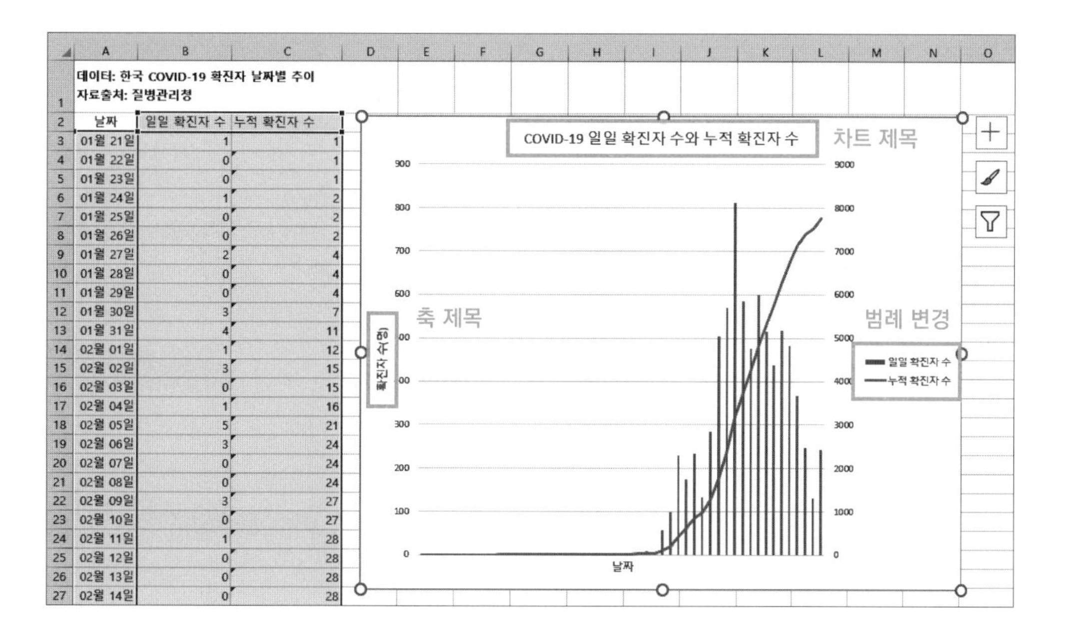

데이터: 한국 COVID-19 확진자 날짜별 추이
자료출처: 질병관리청

날짜	일일 확진자 수	누적 확진자 수
01월 21일	1	1
01월 22일	0	1
01월 23일	0	1
01월 24일	1	2
01월 25일	0	2
01월 26일	0	2
01월 27일	2	4
01월 28일	0	4
01월 29일	0	4
01월 30일	3	7
01월 31일	4	11
02월 01일	1	12
02월 02일	3	15
02월 03일	0	15
02월 04일	1	16
02월 05일	5	21
02월 06일	3	24
02월 07일	0	24
02월 08일	0	24
02월 09일	3	27
02월 10일	0	27
02월 11일	1	28
02월 12일	0	28
02월 13일	0	28
02월 14일	0	28

④ 완성된 콤보차트가 다음과 같이 나타난다.

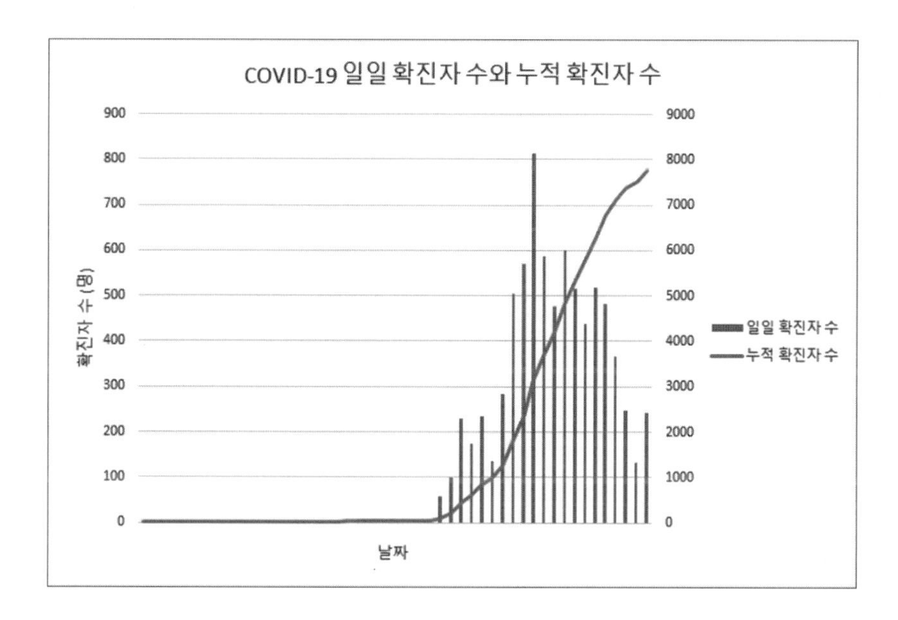

정답은 부록에

Q3 피벗 테이블을 이용하여 당뇨병 치료(DE1_pt)에 따른 공복혈당(HE_glu)의 평균과 표준편차를 구해보자.

Q4 주관적 건강상태(D_1_1)에 따른 1차 수축기 혈압(HE_sbp1) 분포를 상자수염그림으로 나타내보자.

Chapter 05

통계분석

지금까지는 통계분석을 위한 기초적인 내용을 다루어보았다. 이번 장에서는 본격적으로 통계분석을 수행해보고 그 결과를 해석해보자. 모든 통계분석은 아래와 같은 순서로 패턴을 만들어서 진행한다.

① **표 틀 만들기**: 분석 목적을 정확하게 인지하고, 미리 표를 만든다.
② **평균과 표준편차 산출**: 기술통계를 이용하여 표를 채워 넣는다.
③ **통계분석**: 목표에 맞는 분석을 하고, p-value를 산출한다.
④ **표 채우기**: 미리 만들어둔 표에 p-value를 채워 넣는다.
⑤ **결과 해석**: 표를 해석하여 분석 목적을 달성한다.

위의 패턴은 어떠한 통계분석에도 적용할 수 있다. 통계분석에서는 분석하는 목적이 무엇인지 정확하게 알고 시작하는 것이 매우 중요하다. 분석을 하다가 길을 잃을 수도 있고, 분석을 끝냈는데 내용을 이해하지 못하는 경우도 있기 때문이다. 따라서 분석 전에 목적을 정확하게 인지한 후, 그에 맞게 차근차근 분석을 수행하고 결과를 해석해야 한다.

참고로, 엑셀에서 통계분석을 하려면 2장 2-2절 '데이터 분석 기능'에서 소개한 추가 기능을 설치해야 한다(p. 22 참조).

1 두 집단의 평균 비교

1-1 독립된 두 집단: t-test

비교 집단이 독립적으로 관찰된 경우, 두 집단의 평균을 비교할 때는 t-test를 사용한다. t-test의 귀무가설은 '두 집단의 평균이 다르지 않다'이고, 대립가설은 '두 집단의 평균이 다르다'이다.

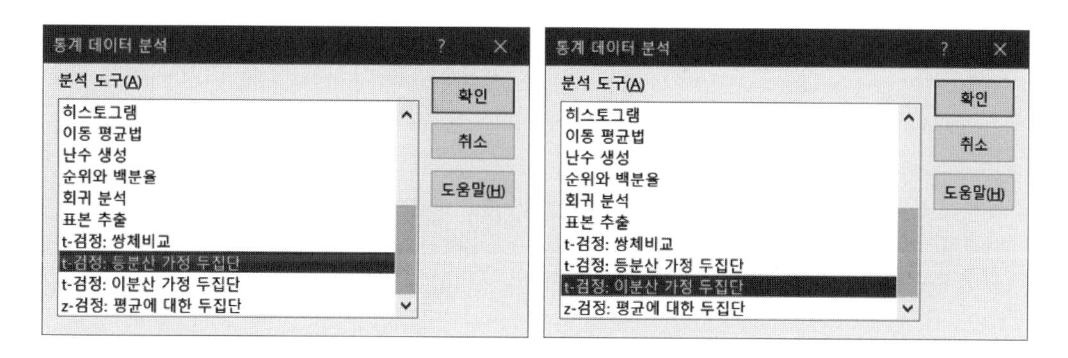

t-test에는 2가지 종류가 있다. 이렇게 나뉘는 이유는 두 집단의 분산이 같은지, 다른지에 따라 분석이 달라지기 때문이다. 따라서 t-test를 하기에 앞서, 두 집단의 분산이 같은지 다른지 알아보는 '분산 동질성 검정'을 반드시 해야 한다. 분산 동질성 검정은 [F-검정: 분산에 대한 두 집단]을 사용하면 된다.

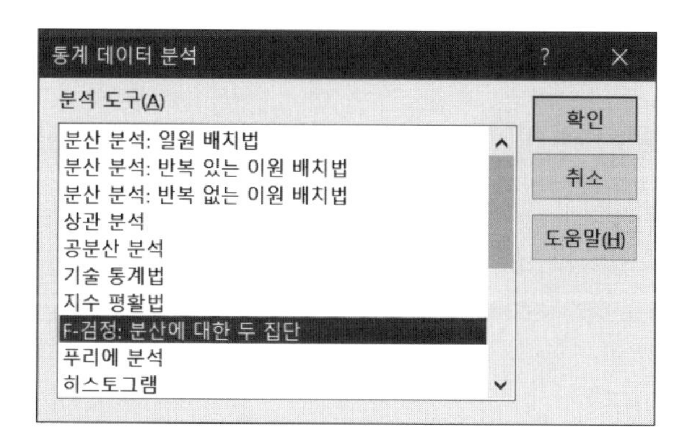

같이 해보기 5-1 성별(sex) 연령(age) 평균에는 차이가 있을까?

① 성별에 따라 나이의 평균에 차이가 있는지 알아보기 위해 가장 먼저 해야 할 일은 두 집단이 어떤 관계인지 파악하는 것이다. 성별은 독립적이므로 독립된 두 집단의 평균 비교인 t-test를 실시하기로 한다. t-test의 가설은 다음과 같다.

- 귀무가설: 성별 연령 평균에는 차이가 없다.
- 대립가설: 성별 연령 평균에는 차이가 있다.

② 4장 기술통계 부분에서 그렸던 표를 가져온다. **〈같이 해보기 4-2: 나이(age)의 평균과 표준편차〉**를 참고한다. t-test를 이용하여 p-value를 산출한 후 네모 박스 안을 채우는 것이 이 분석의 목적이다.

Table. Distribution of age according to gender

	N	%	Age (years)	
			Mean	SD
All	699	100	49.2	16.1
Gender				
Male	302	43.2	49.7	16.9
Female	397	56.8	48.9	15.4
p-value			☐	

p-value estimated using t-test

③ t-test를 하기 전에 여성과 남성의 연령의 분산이 같은지 알아보는 F-검정(분산 동질성 검정)을 먼저 해야 한다. F-검정의 가설은 다음과 같다.

- 귀무가설: 성별 연령 분산에는 차이가 없다.
- 대립가설: 성별 연령 분산에는 차이가 있다.

④ F-검정은 ⓐ~ⓔ 순서로 진행한다. 먼저 전체 데이터를 선택하고(ⓐ) 필터 기능을 사용하여(ⓑ) 'sex' 변수를 클릭해 숫자 오름차순 정렬(ⓒ)을 한다. 그러면 위에서부터 1=남성, 2=여성 순서대로 데이터가 정렬된다. 정확히는 2행부터 303행까지는 남성의 데이터가, 304행부터 700행까지는 여성의 데이터가 정렬된다.

다음으로 데이터 분석에서 [F-검정: 분산에 대한 두 집단]을 선택하고(ⓓ), 성별로 정렬된 'age' 변수를 각 입력 범위에 설정한(ⓔ) 후 [확인]을 누른다. [변수 1 입력 범위]에는 남성의 연령 값을, [변수 2 입력 범위]에는 여성의 연령 값을 드래그하거나 입력하여 선택하면 된다.

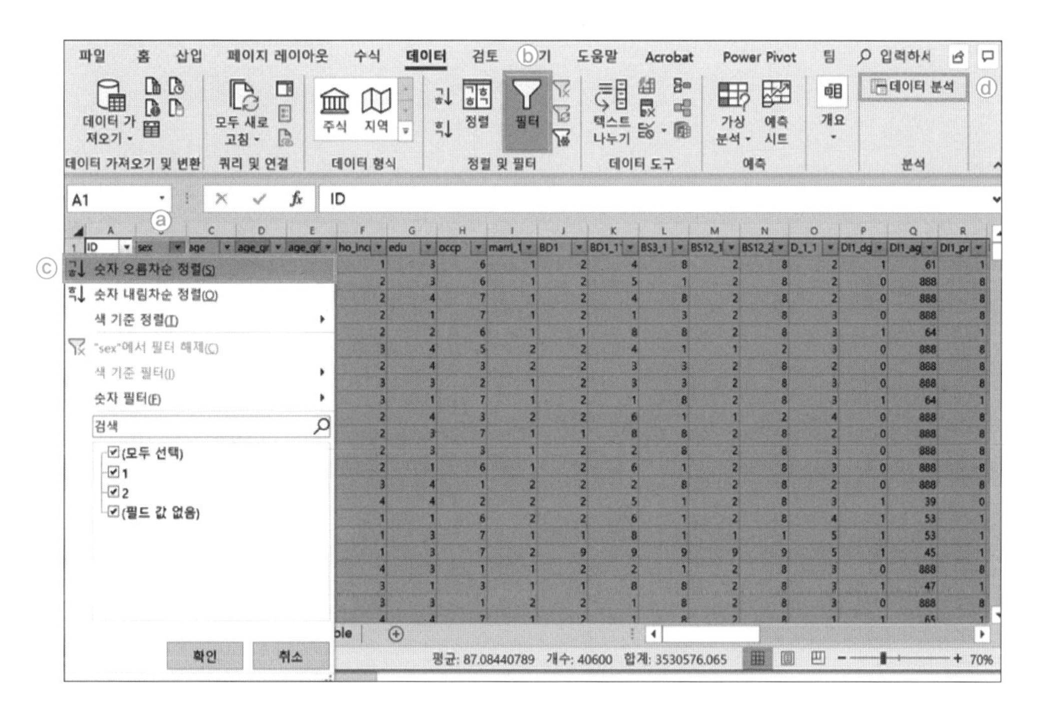

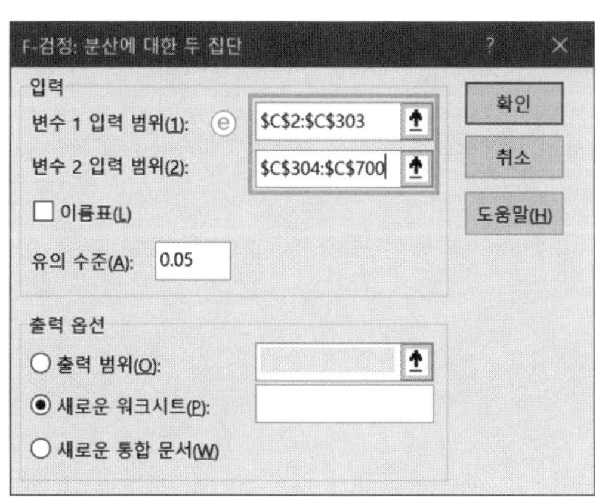

⑤ F-검정 결과, p-value가 0.037868로 유의수준 0.05보다 작게 나타났으므로 귀무가설을 기각한다. 따라서 성별 연령 분산에는 차이가 있다고 할 수 있다.

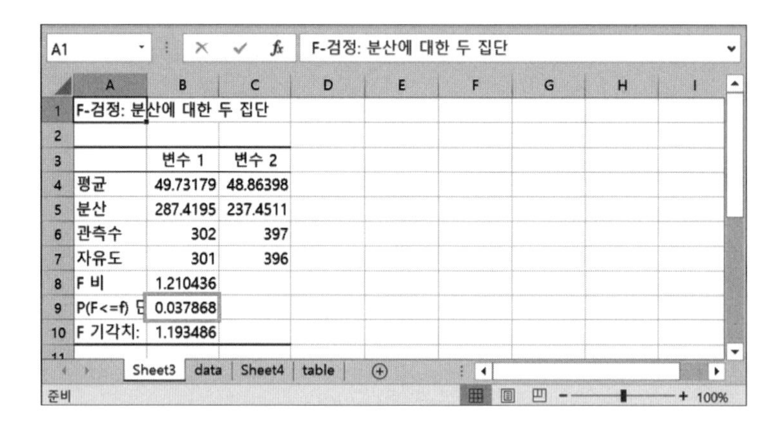

F-검정: 분산에 대한 두 집단

	변수 1	변수 2
평균	49.73179	48.86398
분산	287.4195	237.4511
관측수	302	397
자유도	301	396
F 비	1.210436	
P(F<=f) 단	0.037868	
F 기각치:	1.193486	

⑥ 이제 분산이 다른 두 집단에 대한 t-test를 실시한다. F-검정을 실시할 때와 마찬가지로, 여성과 남성이 구분되도록 정렬하고 데이터 분석에서 [t-검정: 이분산 가정 두집단]을 클릭한다. [변수 1 입력 범위]에는 남성의 연령을, [변수 2 입력 범위]에는 여성의 연령을 범위로 선택하면 된다.

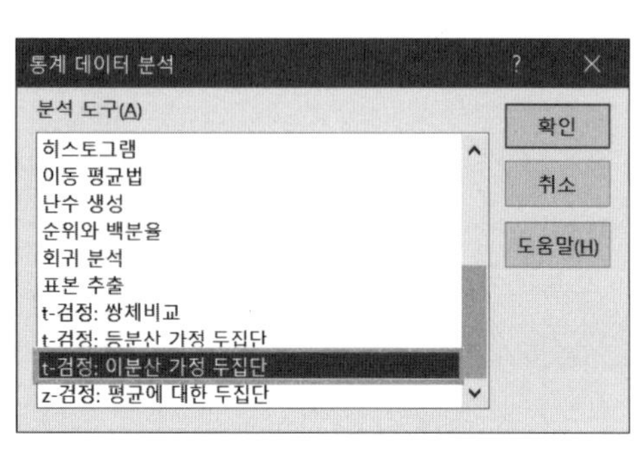

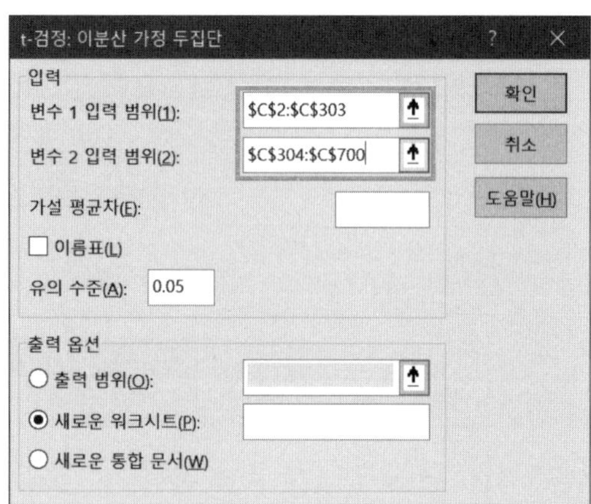

⑦ 결과는 다음과 같이 나온다.

t-검정: 이분산 가정 두 집단		
	변수 1	변수 2
평균	49.73179	48.86398
분산	287.4195	237.4511
관측수	302	397
가설 평균차	0	
자유도	614	
t 통계량	0.697078	
P(T<=t) 단측 검정	0.243009	
t 기각치 단측 검정	1.647339	
P(T<=t) 양측 검정	0.486018	
t 기각치 양측 검정	1.963835	

⑧ 표를 채우고 결과를 해석한다.

Table. Distribution of age according to gender

	N	%	Age (years)	
			Mean	SD
All	699	100	49.2	16.1
Gender				
Male	302	43.2	49.7	16.9
Female	397	56.8	48.9	15.4
p-value			0.49	

p-value estimated using t-test

→ p-value가 0.49로 유의수준 0.05보다 커서 귀무가설을 기각할 수 없다. 따라서 성별 연령의 평균에는 차이가 없다고 할 수 있다.

정답은 부록에

Q5 성별(sex) 허리둘레(HE_wc)의 평균에는 차이가 있을까?

방법 및 순서

① 가설 설정
② 분석전략 설정
③ 표 만들기
④ 귀무가설 기각 여부 확인
⑤ 결과 해석

1-2 짝지은 두 집단: paired t-test

같은 대상자를 두 번 반복하여 측정하는 경우에는 그 데이터가 독립적이라고 볼 수 없다. 실험 전후 같은 대상자의 값을 비교하는 경우이다. 따라서 이 경우에는 독립된 두 집단의 평균을 비교하는 t-test를 시행할 수 없고 짝지은 두 집단의 평균을 비교하는 paired t-test를 시행해야 한다.

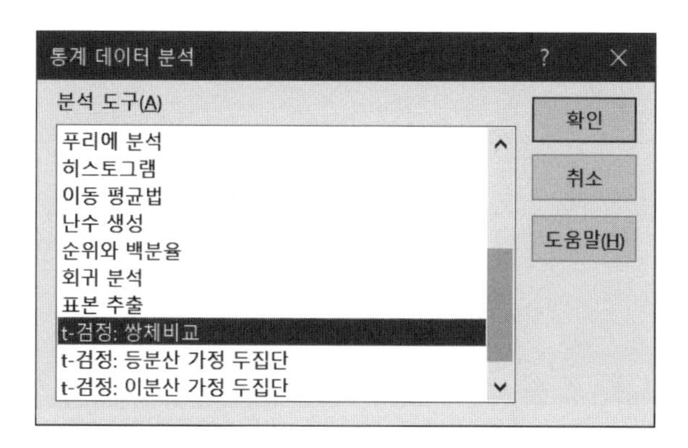

같이 해보기 5-2 1차와 2차 측정 시간에 따른 수축기 혈압 평균에는 차이가 있을까?

① 측정 시간에 따른 수축기 혈압은 같은 대상자를 반복적으로 측정한 데이터이므로 짝지은 두 집단의 비교인 paired t-test를 실시해야 한다. paired t-test의 가설은 다음과 같다.

- 귀무가설: 1차와 2차 측정 시간에 따른 수축기 혈압 평균에는 차이가 없다.
- 대립가설: 1차와 2차 측정 시간에 따른 수축기 혈압 평균에는 차이가 있다.

② 아래와 같이 새로 표 틀을 만든다. 이 분석의 목적은 paired t-test를 통해 1차(First)와 2차(Second) 수축기 혈압 측정의 평균(Mean)과 표준편차(SD)를 구하고, p-value를 산출하는 것이다.

Table. Difference between systolic blood pressure during first and second measurement

	Systolic Blood Pressure (mmHg), (n=699)		
	Mean	SD	p-value
Measurement time			
First			
Second			
Difference (First-Second)			

p-value estimated using paired t-test

③ 위의 표에서 'Difference (First-Second)'는 1차 수축기 혈압에서 2차 수축기 혈압을 뺀 값으로 paired t-test를 실시할 때 표에 들어가는 필수적인 부분 중 하나다. 엑셀 데이터 분석에서 자동으로 구해주는 값은 아니므로 따로 계산해서 채워 넣어야 한다. 'HE_sbp1' 변수와 'HE_sbp2' 변수를 새로운 워크시트에 복사하여 붙여넣고, 이 둘의 차이인 'Di' 변수를 새로 만든다. 수식은 다음과 같다.

Di = HE_sbp1 − HE_sbp2

STDEV | =A2-B2

	A	B	C	D	E	F
1	HE_sbp1	HE_sbp2	Di			
2	146	152	=A2-B2			
3	110	114	-4			
4	104	104	0			
5	100	102	-2			
6	118	116	2			
7	98	104	-6			

④ 평균과 표준편차를 구해 표를 채운다. 1차와 2차 수축기 혈압의 평균 및 표준편차는 총 3가지 방법으로 구할 수 있다.

첫 번째는 아래와 같은 수식을 이용하여 산출하는 방법이다.

평균(Mean) = AVERAGE(C2:C700)	1.459227468
표준편차(SD) = STDEV(C2:C700)	4.955907011

두 번째는 4장 기술통계에서 배운 피벗 테이블을 이용하는 방법이다.

세 번째 가장 간편한 마지막 방법은 ⑤의 paired t-test를 실행하는 것이다. 그러면 평균과 분산이 자동으로 산출된다.

분산은 표준편차의 양의 제곱근이므로 ⑥의 공식을 활용하여 표준편차를 구하면 된다.

Di 변수에 대한 평균과 표준편차는 피벗 테이블을 이용해서 구한다.

평균 : Di	표준 편차 : Di
1.5	5

⑤ 이제 paired t-test를 실시한다. 데이터 분석에서 [t-검정: 쌍체비교]를 클릭한다. [변수 1 입력 범위]에는 'HE_sbp1'을, [변수 2 입력 범위]에는 'HE_sbp2'를 범위로 선택하고 [확인]을 누른다.

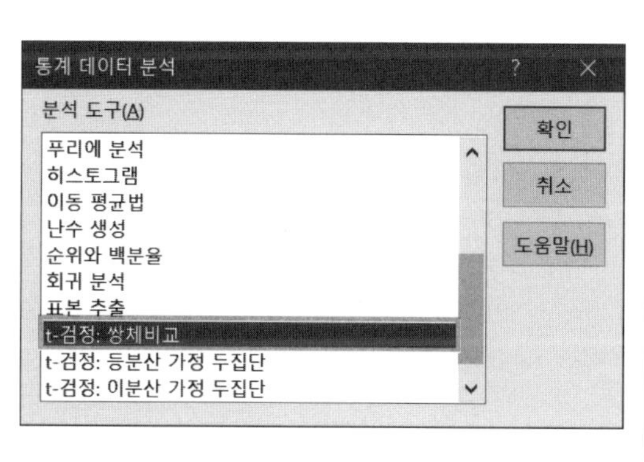

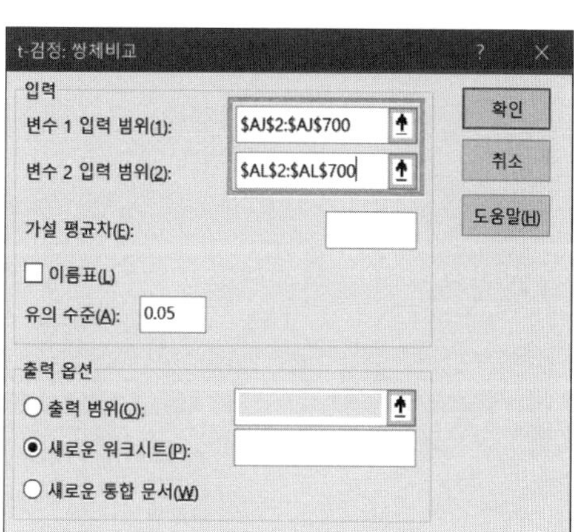

⑥ 결과는 다음과 같이 나온다. 변수 1은 '1차 수축기 혈압'이고 변수 2는 '2차 수축기 혈압'이다. 각각의 평균과 분산을 자동으로 계산해주기 때문에 표에 채워 넣으면 된다. 다만 한 가지 주의할 점은, 표에는 분산이 아닌 표준편차가 필요하므로 표로 옮길 때는 꼭 다음과 같은 수식을 사용해야 한다.

표준편차 = SQRT(분산)

또한 p-value를 보면 2.53E-14라고 되어 있는데, 이는 2.53×10^{-14}라는 아주 작은 숫자를 간단하게 표현한 것이므로 표로 옮길 때는 <0.0001로 바꿔 쓴다.

t-검정: 쌍체 비교		
	변수 1	변수 2
평균	119.0358	117.5765
분산	338.4557	315.0067
관측수	699	699
피어슨 상관 계수	0.963034	
가설 평균차	0	
자유도	698	
t 통계량	7.784638	
P(T<=t) 단측 검정	1.26E-14	
t 기각치 단측 검정	1.64704	
P(T<=t) 양측 검정	2.53E-14	
t 기각치 양측 검정	1.963368	

⑦ 표를 채우고 결과를 해석한다.

Table. Difference between systolic blood pressure during first and second measurement

	Systolic Blood Pressure (mmHg), (n=699)		
	Mean	SD	p-value
Measurement time			
First	119.0	18.4	
Second	117.6	17.7	
Difference (First-Second)	1.5	5.0	<0.0001

p-value estimated using paired t-test

→ p-value가 <0.0001로 유의수준 0.05보다 작아 귀무가설을 기각할 수 있다. 따라서 1차와 2차 측정 시간에 따른 수축기 혈압 평균에는 차이가 있다고 할 수 있다. 1차 수축기 혈압 평균은 119.0mmHg, 2차 수축기 혈압 평균은 117.6mmHg로, 2차 수축기 혈압 평균이 1차 수축기 혈압 평균보다 통계적으로 유의하게 낮다고 할 수 있다(p < 0.0001).

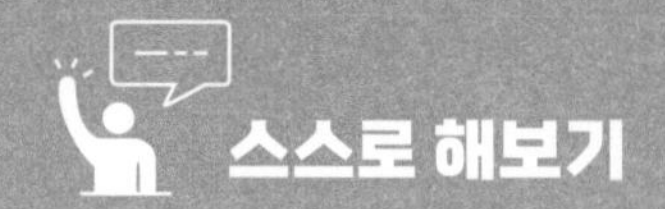

정답은 부록에

Q6 1차와 2차 측정 시간에 따른 이완기 혈압 평균에는 어떤 차이가 있을까? (HE_dbp1, HE_dbp2)

방법 및 순서

① 가설 설정
② 분석전략 설정
③ 표 만들기
④ 귀무가설 기각 여부 확인
⑤ 결과 해석

2 세 집단 이상에서 평균 비교 (ANOVA)

세 집단 이상에서 평균을 비교할 때는 분산분석(analysis of variance, ANOVA)을 사용한다. 분산분석에는 일원 배치법, 이원 배치법 등 다양한 종류가 있지만 본서에서는 일원 배치법만을 다룬다.

분산분석에서 집단을 나타내는 변수는 범주형이어야 하고, 평균을 비교하고 싶은 변수는 연속형이며 정규분포를 따라야 한다.

다음 그림은 t-test를 반복하여 사용하지 않고 분산분석을 사용해야 하는 이유를 잘 보여준다. 고등학교 남학생의 학년별 키 평균의 차이를 알아본다고 할 때 두 집단씩 비교한다면 제1종 오류가 0.05보다 훨씬 커질 것이다. 분산분석은 그룹의 수에 상관없이 그룹 내 변이와 그룹 간 변이의 비로 계산(F-distribution)되므로 세 그룹을 동시에 비교할 경우에는 분산분석을 실시해야 한다.

A고등학교 남학생의 학년별 키의 평균에는 차이가 있을까?

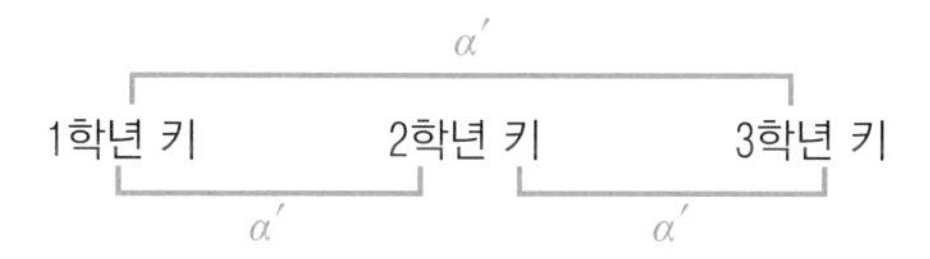

같이 해보기 5-3 생애주기별 연령군의 몸무게 평균 비교

① 생애주기별 연령군에 따라 몸무게의 평균에 차이가 있는지 알아보자. 생애주기별 연령군은 총 3개의 범주로 이루어져 있으므로 ANOVA를 해야 한다.
가설은 다음과 같다. 대립가설은 '모두 다르다'가 아니라 '모두 같은 것은 아니다'라고 해야 한다. 즉, 하나라도 다른 것이 있다는 의미이기 때문에 주의해서 써야 한다.

- 귀무가설: 생애주기별 연령군 몸무게 평균은 모두 같다.
- 대립가설: 생애주기별 연령군 몸무게 평균은 모두 같은 것은 아니다.

② **〈같이 해보기 4-2: 나이(age)의 평균과 표준편차〉**를 참고해 표를 미리 만들고 기본 정보인 N과 퍼센트(%)를 채운다. 평균(Mean)과 표준편차(SD)는 엑셀에서 분산분석을 실행하면 값이 나오기 때문에 미리 채울 필요는 없다.

생애주기별 연령군은 [1=45세 미만, 2=45세 이상 65세 미만, 3=65세 이상]의 총 3개의 그룹으로 이루어져 있으므로 45세 미만(<45), 45세부터 64세(45-64), 65세 이상(65+)으로 표기한다.

Table. Distribution of body weight according to age group

	N	%	Body weight (kg)	
			Mean	SD
All	699	100		
Age group (years)				
<45	285	40.8		
45-64	271	38.8		
65+	143	20.5		
p-value				

p-value estimated using ANOVA

③ 그룹을 나타내는 변수인 생애주기별 연령군 'age_gr3'와 평균을 비교할 변수인 체중 'HE_wt'를 복사하여 새로운 시트에 붙여넣고, 필터 기능을 이용하여 생애주기별 연령군을 기준으로 오름차순 정렬을 한다. 그런 다음 각 그룹의 체중 값을 복사하여 값으로 붙여넣기해서 새로운 변수를 3개 만든다.

wt1	'생애주기별 연령군=1' 그룹에 해당하는 사람의 몸무게
wt2	'생애주기별 연령군=2' 그룹에 해당하는 사람의 몸무게
wt3	'생애주기별 연령군=3' 그룹에 해당하는 사람의 몸무게

	A	B	C	D	E	F
1	age_gr3	HE_wt		wt1	wt2	wt3
2	1	62.7		62.7	48.8	59.7
3	1	58.3		58.3	61.8	53.1
4	1	76.6		76.6	68.3	61.3
5	1	53.9		53.9	44.5	53.7
6	1	55		55	65.4	73.9
7	1	59.3		59.3	53.7	54.2
8	1	80.1		80.1	50.2	70.8
9	1	74.9		74.9	57.5	62.3
10	1	65.2		65.2	60.5	55.6
11	1	48.9		48.9	67.9	70.3

④ 데이터 분석에서 [분산분석: 일원 배치법]을 클릭한 후 입력 범위에서 wt1, wt2, wt3 변수를 모두 선택한다. '첫째 행 이름표 사용'도 체크해야 오류가 생기지 않는다.

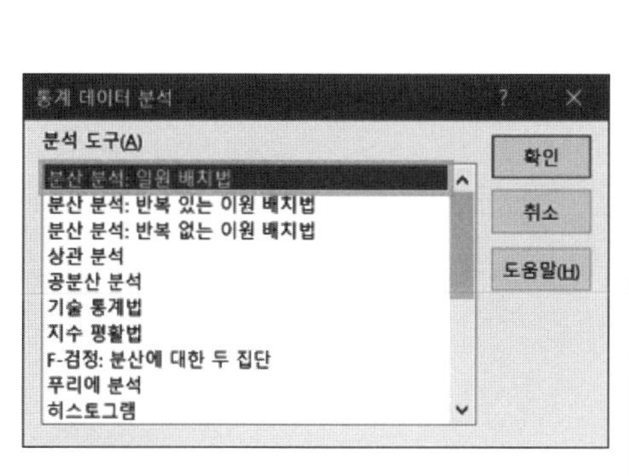

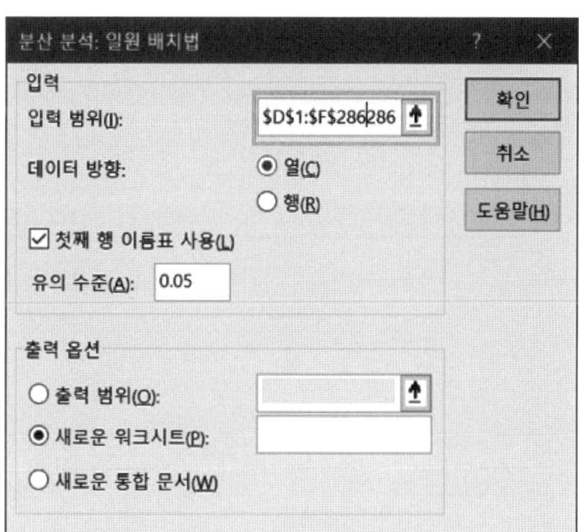

⑤ 분산분석 결과는 다음과 같다. 각 그룹의 몸무게 평균과 분산도 같이 산출되므로 표로 옮기면 된다. 이때 분산은 표준편차로 바꾸어 옮겨준다.

	A	B	C	D	E	F	G
1	분산 분석: 일원 배치법						
2							
3	요약표						
4	인자의 수준	관측수	합	평균	분산		
5	wt1	285	18564.9	65.14	173.3981		
6	wt2	271	16995.4	62.71365	127.9701		
7	wt3	143	8759.8	61.25734	86.50782		
8							
9							
10	분산 분석						
11	변동의 요인	제곱합	자유도	제곱 평균	F 비	P-값	F 기각치
12	처리	1647.019	2	823.5096	5.965404	0.002699	3.008664
13	잔차	96081.11	696	138.0476			
14							
15	계	97728.13	698				

⑥ 표를 채우고 결과를 해석한다.

Table. Distribution of body weight according to age group

	N	%	Body weight (kg)	
			Mean	SD
All	699	100	63.4	11.8
Age group (years)				
<45	285	40.8	65.1	13.1
45-64	271	38.8	62.7	11.3
65+	143	20.5	61.3	9.3
p-value			0.003	

p-value estimated using ANOVA

→ p-value가 0.003으로 유의수준 0.05보다 작아 귀무가설을 기각할 수 있다. 따라서 생애주기별 연령군의 몸무게 평균이 모두 같다고 볼 수 없다(p=0.003).

※ 집단별로 얼마나 차이가 있는지는 사후검정(다중비교)을 통해 추가적인 분석을 해야만 알 수 있다. 사후검정은 본서에서 다루지 않는다.

정답은 부록에

Q7 가구의 소득 사분위수(ho_incm)에 따른 체질량지수(BMI)의 평균에는 차이가 있을까?

방법 및 순서

① 가설 설정
② 분석전략 설정
③ 표 만들기
④ 귀무가설 기각 여부 확인
⑤ 결과 해석

3 그룹 간 율의 비교 (카이제곱 검정)

두 집단 이상의 율(frequency)을 비교할 때는 카이제곱 검정(chi-square test, χ^2 test)을 사용한다. 카이제곱 검정은 실제 실험 또는 연구를 통해 얻은 관측 빈도수와 이론상의 기대 빈도수가 의미 있게 다른지를 카이제곱 분포에 기초하여 검증하는 동질성 검정이다.

카이제곱 분포는 자유도에 따라 그 모양이 달라지는데, 표준정규분포를 제곱하면 자유도가 1인 카이제곱 분포가 된다. 따라서 카이제곱 분포는 음의 값을 가질 수 없고, 양측 검정의 경우 기각역이 대칭이 아니다. 카이제곱 분포와 검정에 대한 간단한 통계적 개념은 다음과 같다.

$$\text{검정통계량 } X^2 = \sum \frac{(\text{관측값} - \text{기댓값})^2}{\text{기댓값}}$$

독립적인 두 사건이 동시에 일어날 확률은 각각의 사건이 일어날 확률을 곱한 것과 같다. 즉, $P(A \cap B) = P(A) \times P(B)$이다.

엑셀의 [데이터 분석] 옵션에는 카이제곱 검정이 없다. 따라서 엑셀로 카이제곱 검정을 할 수 있는 방법은 다음 2가지다.

- 방법 1: 직접 입력
- 방법 2: 외부 사이트 이용

같이 해보기 5-4 **성별 비만도 율 비교**

① 성별이라는 집단 간의 율을 비교하는 것이므로 카이제곱 검정을 실시한다.

- 귀무가설: 성별 비만율에는 차이가 없다.
- 대립가설: 성별 비만율에는 차이가 있다.

② 분석 전 결과를 작성할 표 틀을 미리 만든다.

Table. Distribution of Body Mass Index(BMI) according to gender

	All		Gender			
			Male		Female	
	N	%	N	%	N	%
All						
Body Mass Index (kg/m²)						
Normal (<25)						
Overweight (25-<30)						
Obese (≥30)						
p-value						

p-value estimated using chi-square test

③ 피벗 테이블로 표의 기본 정보를 구한다. 'sex' 변수와 'BMI_gr' 변수를 각각 열과 행에 끌어놓고, 값에 'BMI_gr' 변수를 '개수'로 변경하여 끌어놓는다. 값에는 'sex' 변수가 들어가도 상관없다. 표 틀을 어떻게 만드느냐에 따라 보기 편하도록 조정하면 된다.

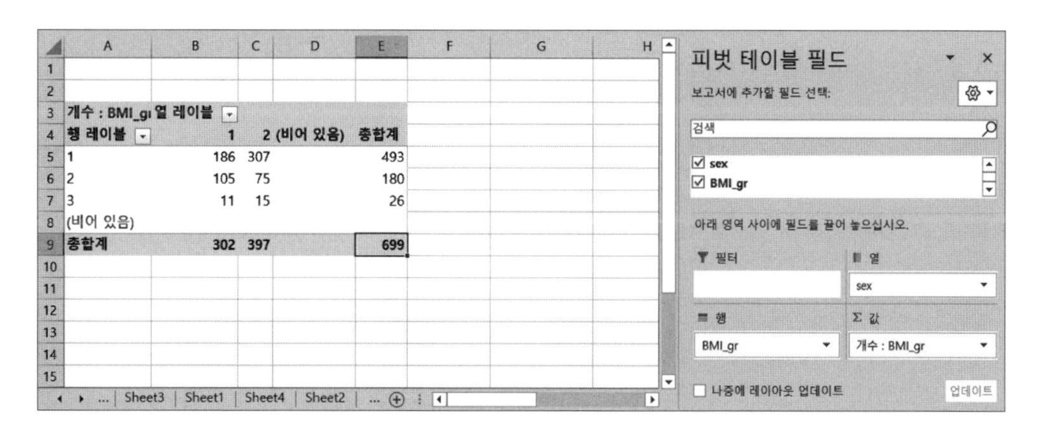

④ 피벗 테이블의 결과를 이용하여 표의 기본 정보를 채운다.

Table. Distribution of Body Mass Index(BMI) according to gender

	All		Gender			
			Male		Female	
	N	%	N	%	N	%
All	699	100	302		397	
Body Mass Index (kg/m²)						
Normal (<25)	493	70.5	186	61.6	307	77.3
Overweight (25-<30)	180	25.8	105	34.8	75	18.9
Obese (≥30)	26	3.7	11	3.6	15	3.8
p-value						

p-value estimated using chi-square test

3-1 직접 입력하는 방법

가로로 남자/여자, 세로로 정상/과체중/비만 셀을 만들고 각각에 대한 기대빈도를 직접 산출한다. 이후 CHISQ.TEST( ) 함수를 사용하여 p-value를 구한다.

① 관측빈도와 기대빈도를 입력할 표를 만든다. 관측빈도는 피벗 테이블의 결과를 그대로 옮겨 온다.

	A	B	C	D
1				
2	관측빈도	남자	여자	전체
3	정상	186	307	493
4	과체중	105	75	180
5	비만	11	15	26
6	전체	302	397	699
7				
8	기대빈도	남자	여자	
9	정상			
10	과체중			
11	비만			

② 남자 정상 셀(B9)에 $\frac{(\text{남자의 전체빈도})\times(\text{정상의 전체빈도})}{(\text{전체빈도})}$를 넣어준다.

B9 = $D3*B$6/$D$6	$D3 : D열을 고정한다. B$6 : 6행을 고정한다. $D$6 : D6셀을 고정한다.

	A	B	C	D	E
1					
2	관측빈도	남자	여자	전체	
3	정상	186	307	493	
4	과체중	105	75	180	
5	비만	11	15	26	
6	전체	302	397	699	
7					
8	기대빈도	남자	여자		
9	정상	$D$6			
10	과체중				
11	비만				

(STDEV | =$D3*B$6/$D$6)

③ 남자 정상 셀(B9)을 복사하여 나머지 셀들에 붙여넣기한다. 이때 고정값의 개념을 사용하면 편리하다. 고정하기를 원하는 알파벳이나 번호 앞에 $를 붙여 고정값을 지정한다. 고정값을 지정한 뒤 셀을 복사하여 다른 곳에 붙여넣기하면 된다. 엑셀에서 $은 복사하여 붙여도 변하지 않는 절대 주소를 의미한다. 알파벳 앞에 $을 사용할 경우 열을, 숫자 앞에 $을 사용할 경우 행을 고정시킬 수 있다.

결과:

	남자	여자
정상	212.9986	280.0014
과체중	77.76824	102.2318
비만	11.23319	14.76681

④ 관측빈도와 기대빈도를 이용하여 p-value를 구한다.

CHISQ.TEST(관측빈도, 기대빈도)	Excel 2007 이후 버전
CHITEST(관측빈도, 기대빈도)	Excel 2007 이전 버전

	A	B	C	D	E	F	G	H
1								
2	관측빈도	남자	여자	전체				
3	정상	186	307	493				
4	과체중	105	75	180				
5	비만	11	15	26				
6	전체	302	397	699				
7								
8	기대빈도	남자	여자					
9	정상	212.9985694	280.00143					
10	과체중	77.76824034	102.23176					
11	비만	11.23319027	14.76681		=CHISQ.TEST(B3:C5,B9:C11)			
12					CHISQ.TEST(actual_range, **expected_range**)			

⑤ 표를 채우고 결과를 해석한다.

8	기대빈도	남자	여자		
9	정상	212.9985694	280.0014		
10	과체중	77.76824034	102.2318		
11	비만	11.23319027	14.76681		1.1E-05

여기서 1.1E−05는 1.1×10^{-5}를 표현한 것이다.

Table. Distribution of Body Mass Index(BMI) according to gender

	All		Gender			
			Male		Female	
	N	%	N	%	N	%
All	699	100	302		397	
Body Mass Index (kg/m²)						
Normal (<25)	493	70.5	186	61.6	307	77.3
Overweight (25-<30)	180	25.8	105	34.8	75	18.9
Obese (≥30)	26	3.7	11	3.6	15	3.8
p-value			<0.0001			

p-value estimated using chi-square test

→ p-value가 $1.11\times10^{-5}=0.000011$(<0.0001)로 유의수준 0.05보다 작아 귀무가설을 기각할 수 있다. 따라서 성별 비만율의 차이가 있다고 할 수 있다. 과체중과 비만을 합한 비율이 여성에서 18.9+3.8=22.7(%), 남성에서 34.8+3.6=38.4(%)이므로 남성보다 여성에서의 비만율이 통계적으로 유의하게 더 낮다고 할 수 있다($p < 0.0001$).

3-2 외부 사이트 이용 (OpenEpi)

① www.openepi.com으로 접속하여 [R by C Table] 메뉴를 클릭한다.

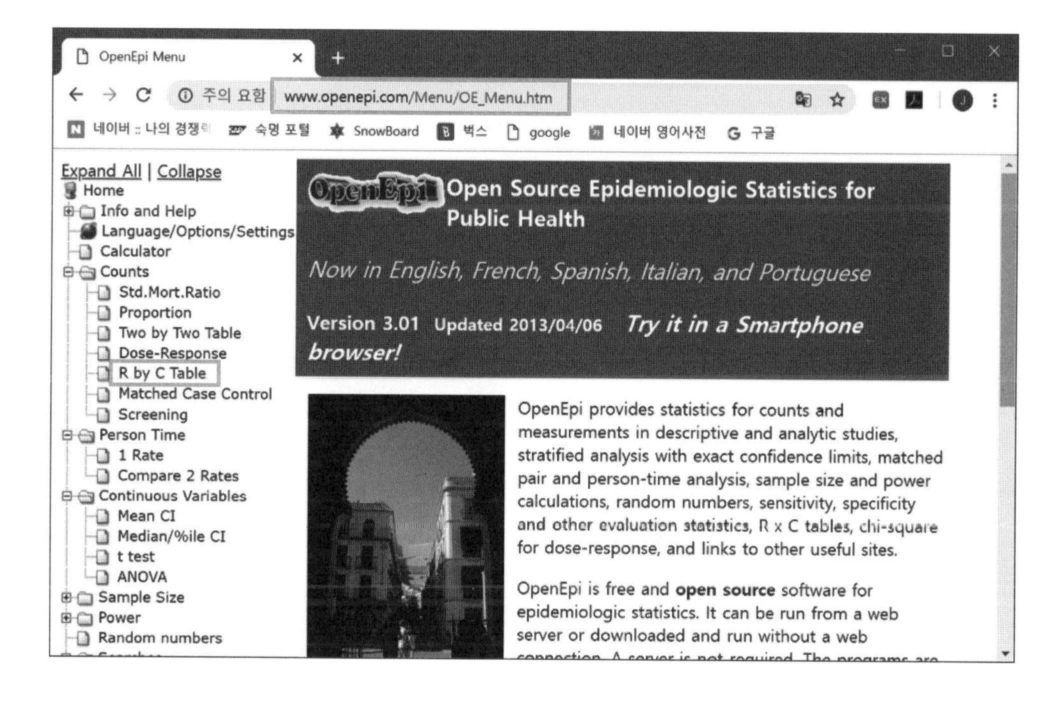

② 새로운 창이 뜨면 [Enter New Data]를 클릭한다.

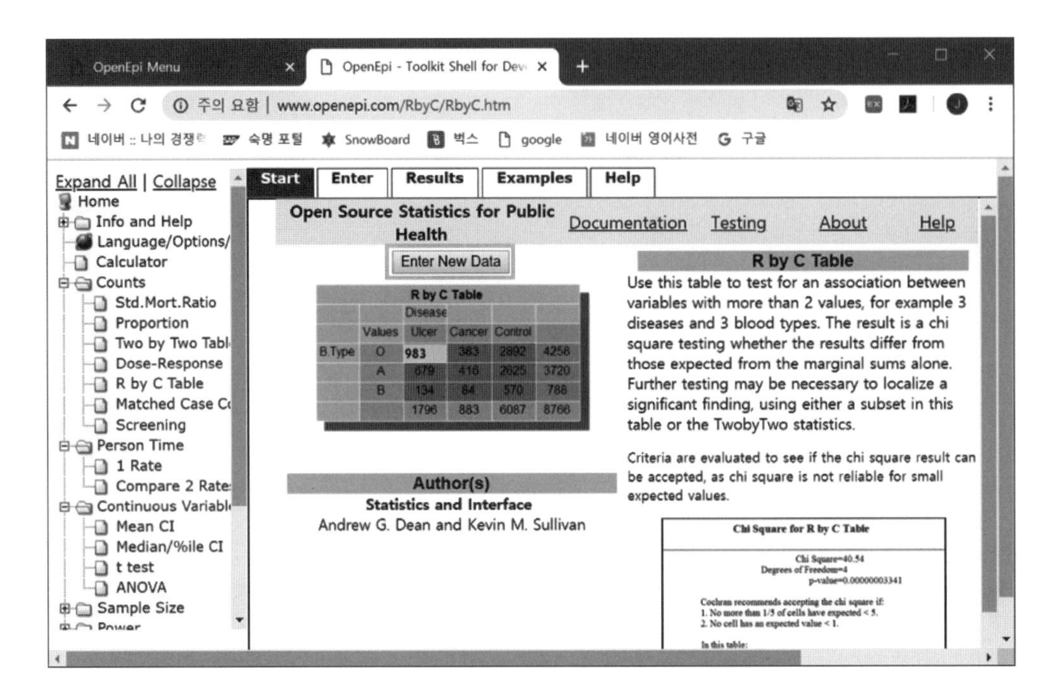

③ 다음과 같은 팝업창이 뜨면 COLUMNS(열)에는 2를, ROWS(행)에는 3을 입력하고 [확인]을 누른다. 그러면 2×3 테이블이 만들어진다.

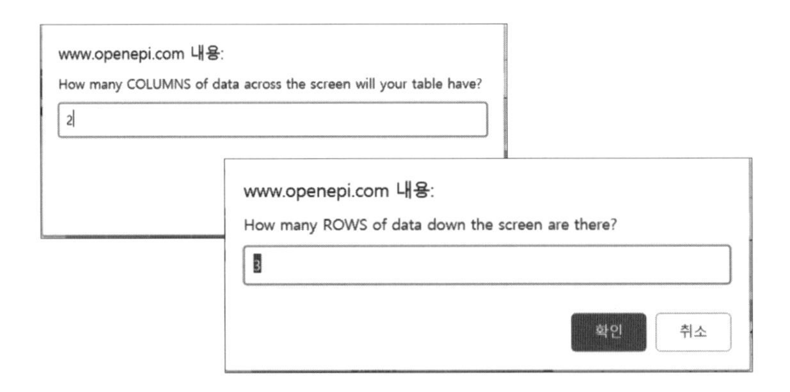

④ 피벗 테이블을 보고 값을 똑같이 넣은 후 [Calculate] 버튼을 클릭한다.

개수 : BMI 열 레이			
행 레이	1	2 (비어 있음)	총합계
1	186	307	493
2	105	75	180
3	11	15	26
(비어 있음)			
총합계	302	397	699

R by C Table				
		Var 2		
	Values			
Var 1		186	307	493
		105	75	180
		11	15	1
		302	382	684

⑤ p-value를 확인한다. 앞의 3-1절 '직접 입력하는 방법'에서 구한 p-value와 같은 것을 확인할 수 있다.

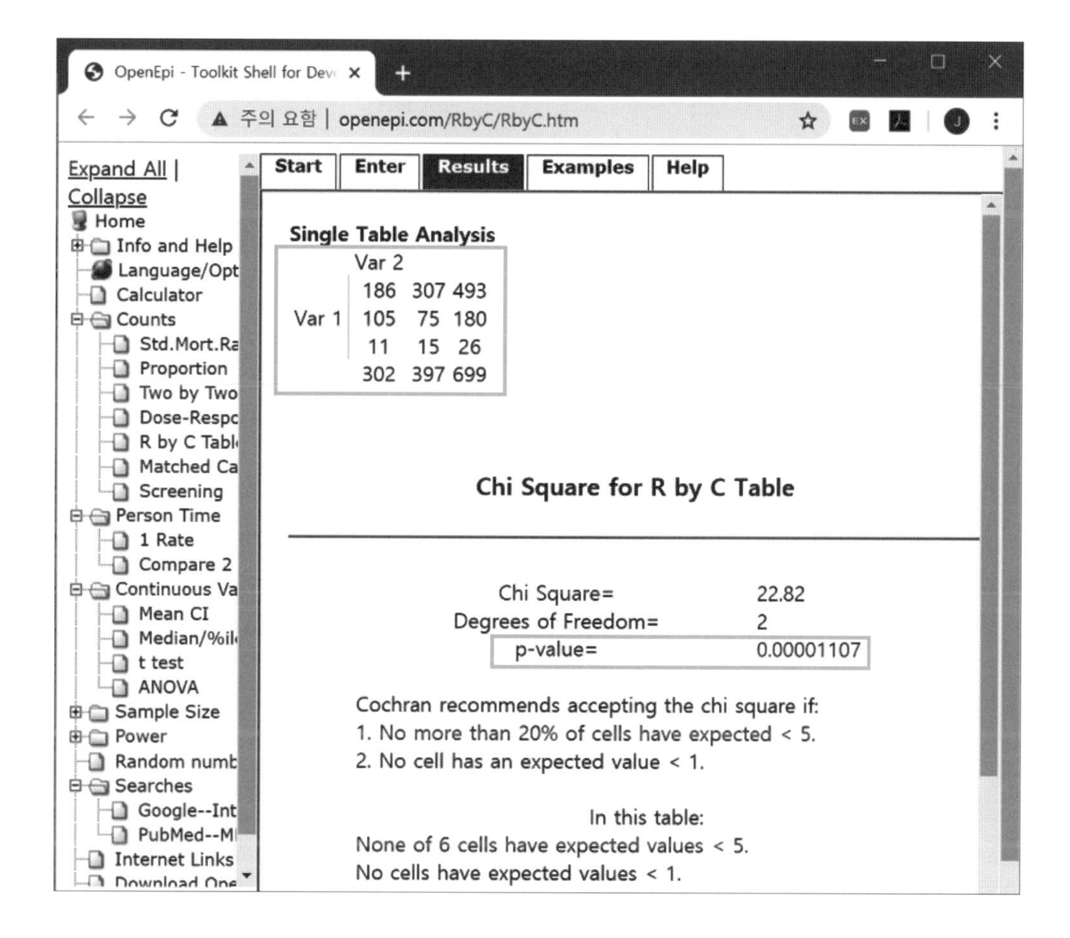

⑥ 표를 채우고 결과를 해석한다. (3-1절 '직접 입력하는 방법'의 ⑤번과 동일함)

정답은 부록에 

Q8 성별(sex) 현재 흡연율(BS3_1)에는 차이가 있을까?

- 방법 1: 직접 입력
- 방법 2: 외부 사이트 이용

두 방법을 모두 이용해보자.

방법 및 순서

① 가설 설정
② 분석전략 설정
③ 표 만들기
④ 귀무가설 기각 여부 확인
⑤ 결과 해석

4 상관분석

두 연속형 변수 간의 상관관계를 알아볼 때 피어슨 상관분석(Pearson's correlation analysis)을 사용한다. 이는 정규성 가정을 충족하는 연속형 변수 간의 관련성을 알아보는 모수적 방법이다. 순위 척도 간의 관련성을 알아볼 때는 비모수적 방법인 스피어만 상관분석(Spearman's correlation)을 사용한다. 상관분석은 독립변수(x)와 종속변수(y)가 바뀌어도 무방한 경우에만 사용한다.

엑셀에서는 [통계 데이터 분석] → [상관분석]을 제공한다.

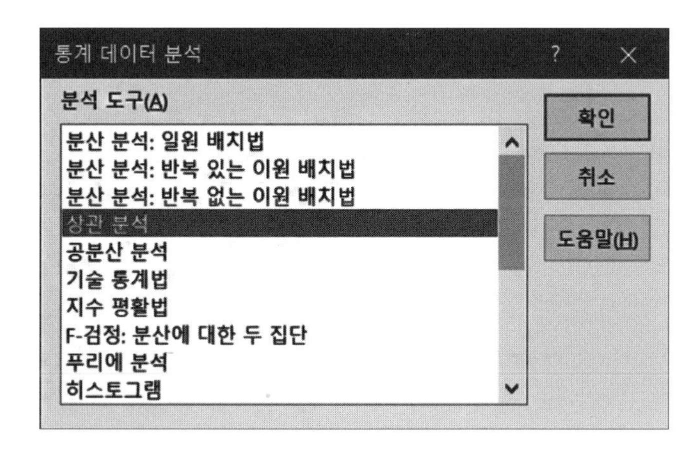

상관분석을 사용하면 두 변수가 양의 상관관계, 음의 상관관계, 또는 0에 가까운 상관관계를 가지는지 여부를 판단할 수 있다. 양의 상관관계는 한 변수의 값이 증가하면 다른 변수의 값도 증가하는 것이며, 음의 상관관계는 한 변수의 값이 증가하면 다른 변수의 값이 감소하는 것이다. 상관관계가 0에 가깝다는 것은 두 변수의 값이 서로 비례 관계가 없다는 뜻이다.

상관분석을 수행할 때는 먼저 산점도(scatter plot)를 그려서 상관관계가 있는지 없는지를 파악하고, 상관관계가 있다면 양의 상관관계인지 음의 상관관계인지 파악한다.

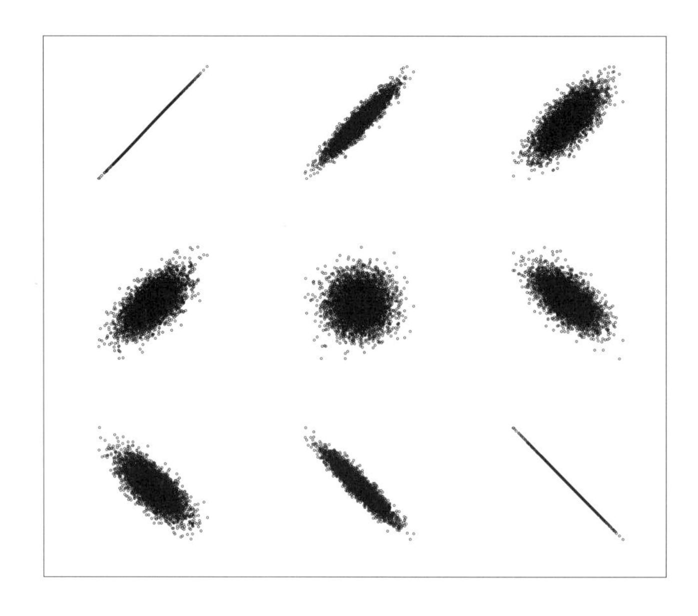

그런 다음 상관계수(r)를 구하여 이를 구체적으로 알아본다. 이때 상관계수의 크기는 절댓값으로 판단한다.

상관계수(r)의 절댓값	해석
0.9-1.0	상관관계가 아주 높다.
0.7-0.9	상관관계가 높다.
0.4-0.7	상관관계가 다소 높다.
0.2-0.4	상관관계가 있기는 하나 낮다.
0.0-0.2	상관관계가 거의 없다.

같이 해보기 5-5 나이와 1차 수축기 혈압 간에는 상관성이 있을까?

① 두 변수 나이(age)와 1차 수축기 혈압(HE_sbp1) 간의 상관성을 알아보는 것이므로 상관분석을 실시한다.

- 귀무가설: 나이는 1차 수축기 혈압과 상관성이 없다.
- 대립가설: 나이는 1차 수축기 혈압과 상관성이 있다.

② 산점도를 그리기 위해 새 시트에 필요한 변수를 복사하여 붙여넣는다.

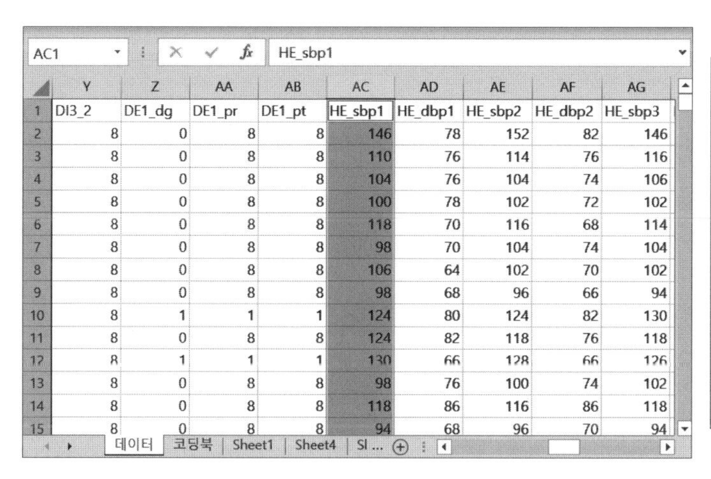

AC1 | HE_sbp1

	Y	Z	AA	AB	AC	AD	AE	AF	AG
1	DI3_2	DE1_dg	DE1_pr	DE1_pt	HE_sbp1	HE_dbp1	HE_sbp2	HE_dbp2	HE_sbp3
2	8	0	8	8	146	78	152	82	146
3	8	0	8	8	110	76	114	76	116
4	8	0	8	8	104	76	104	74	106
5	8	0	8	8	100	78	102	72	102
6	8	0	8	8	118	70	116	68	114
7	8	0	8	8	98	70	104	74	104
8	8	0	8	8	106	64	102	70	102
9	8	0	8	8	98	68	96	66	94
10	8	1	1	1	124	80	124	82	130
11	8	0	8	8	124	82	118	76	118
12	8	1	1	1	130	66	128	66	126
13	8	0	8	8	98	76	100	74	102
14	8	0	8	8	118	86	116	86	118
15	8	0	8	8	94	68	96	70	94

데이터 | 코딩북 | Sheet1 | Sheet4 | Sl ...

	A	B	C
1	age	HE_sbp1	
2	76	146	
3	39	110	
4	35	104	
5	71	100	
6	68	118	
7	42	98	
8	28	106	
9	45	98	
10	70	124	
11	37	124	
12	67	130	

③ [삽입] → [분산형 차트] 메뉴를 클릭한다. 분산형 차트는 산점도를 그려준다.

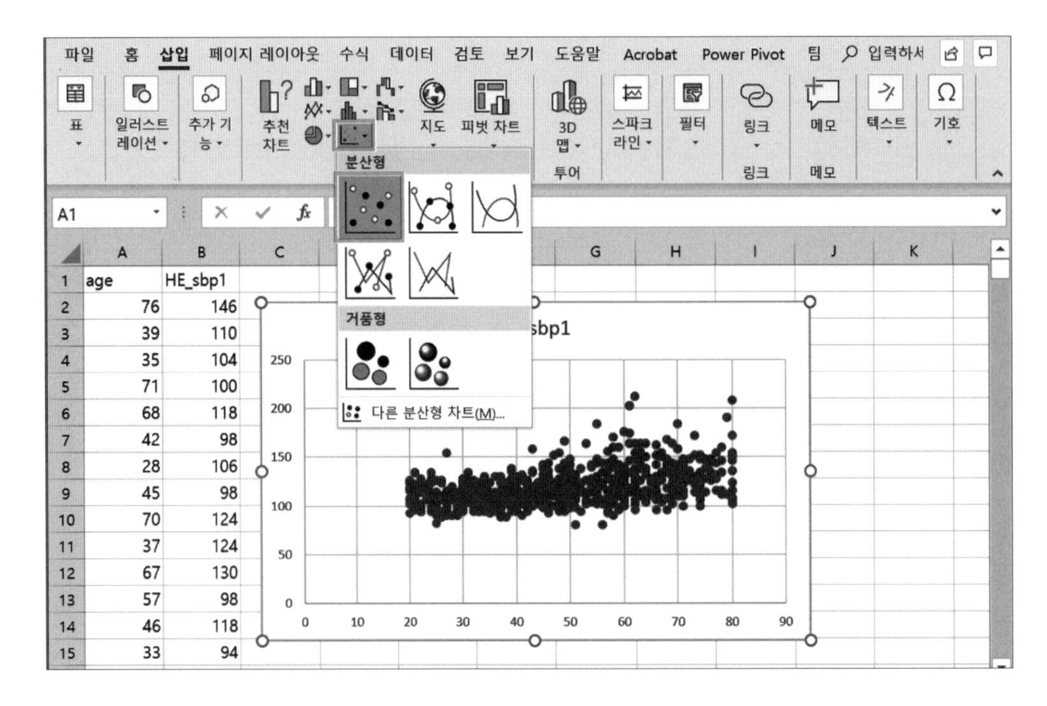

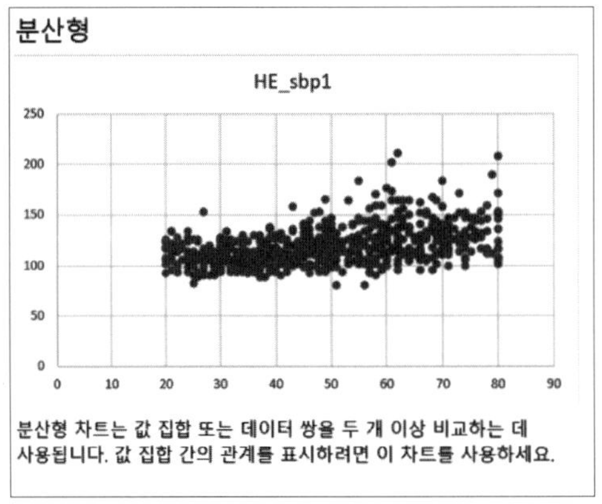

④ 차트 요소에서 축 제목과 추세선을 체크하여 서식을 지정해준다. 추세선은 데이터의 변화 추세를 보기 좋게 직선으로 나타내는 선이다. 상관관계를 알아볼 때는 선형 추세선을 사용한다.

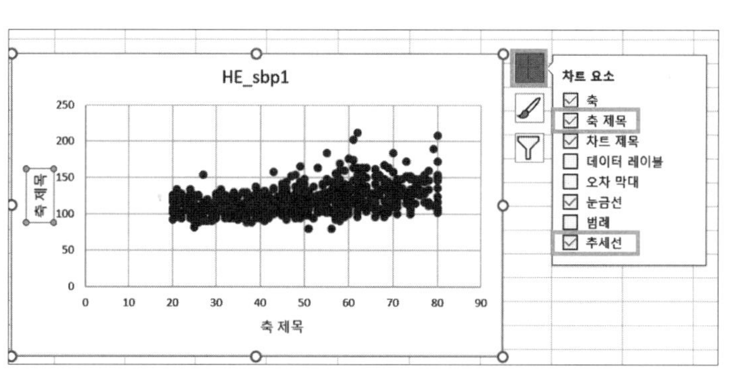

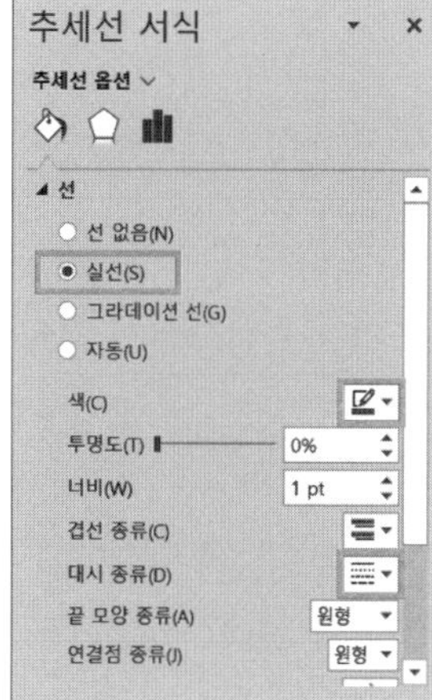

⑤ 차트 제목, 축 제목을 변경한다. 변수는 꼭 단위와 함께 써준다.

차트 제목	HE_sbp1 → 나이와 1차 수축기 혈압 간 산점도
x축 제목	축 제목 → 나이 (세)
y축 제목	축 제목 → 1차 수축기 혈압 (mmHg)

⑥ 나이와 1차 수축기 혈압 간 산점도를 완성하였다.

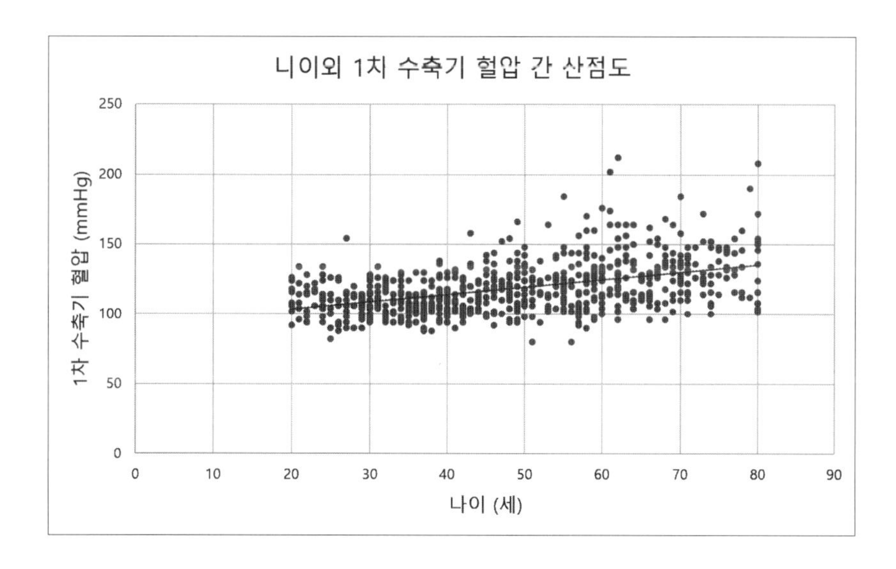

4-2 상관계수 구하기

① 분산형 차트(산점도)를 통해 양의 상관관계가 있는 것을 눈으로 확인하였다. 이제 상관계수(r)를 구하여 실제로 얼마나 상관관계가 있는지 알아본다. [데이터 분석] → [상관분석]을 차례로 클릭한다. 입력 범위에 'age' 변수와 'HE_sbp1' 변수를 선택하고 '첫째 행 이름표 사용'을 체크한 뒤 [확인] 버튼을 누른다.

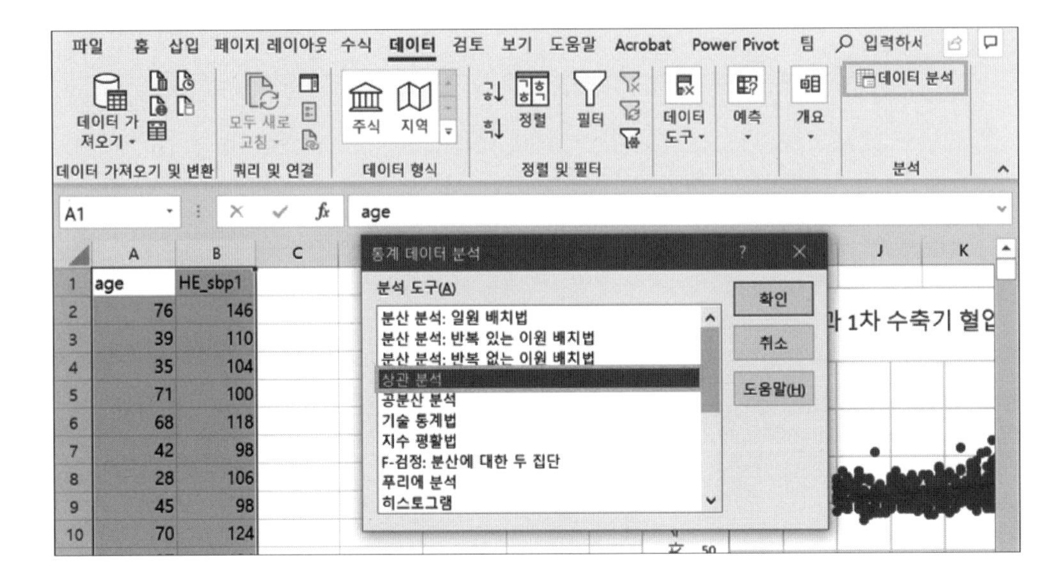

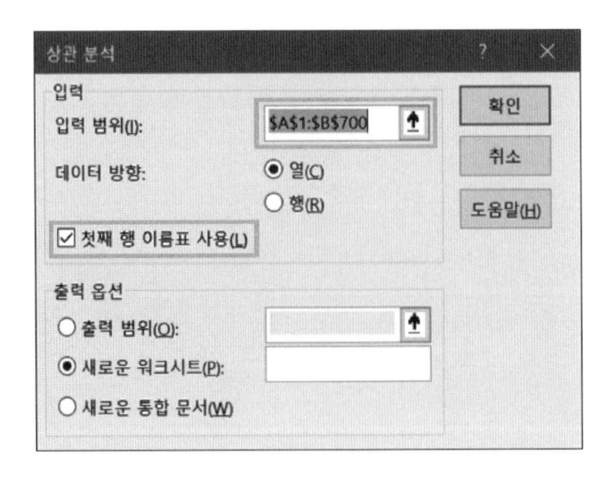

② 상관분석 결과는 다음과 같다. (상관계수 $= r = 0.46$)

	A	B	C
1		age	HE_sbp1
2	age	1	
3	HE_sbp1	0.463882	1

③ 검정에 필요한 p-value를 구하기 위해 먼저 검정통계량을 구한다. 검정통계량이란 표본으로부터 산출된 통계량과 이에 맞는 분포를 적용하여 계산된 값을 말한다.

B5 = B3/SQRT((1-B3^2)/(699-2))	B3 : 상관계수(r) SQRT() : 제곱근 함수 699-2 : 자유도(전체 대상자 수-2)

검정통계량 $= \sqrt{\dfrac{r^2}{(1-r^2)/(n-2)}}$: 자유도가 $n-2$인 t-분포를 따른다.

B5 =B3/SQRT((1-B3^2)/(699-2))

	A	B	C	D	E	F
1		age	HE_sbp1			
2	age	1				
3	HE_sbp1	0.463882438	1			
4						
5	검정통계량	13.82423802				
6	p-value	1.37264E-38				

B6 = T.DIST.2T(B5, 699-2)	B5 : 검정통계량 T.DIST.2T() : 양측검정 t-분포 699-2 : 자유도(전체 대상자 수-2)

④ 수식을 이용하여 p-value를 구한다.

B6 =T.DIST.2T(B5,699-2)

	A	B	C	D	E
1		age	HE_sbp1		
2	age	1			
3	HE_sbp1	0.463882438	1		
4					
5	검정통계량	13.82423802			
6	p-value	1.37264E-38			

⑤ 상관계수(r)와 p-value를 산점도에 표시하고 결과를 해석한다.

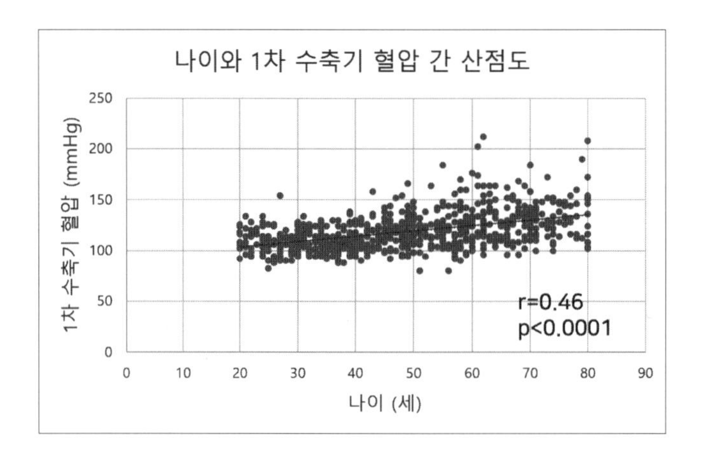

→ p-value가 <0.0001로 유의수준 0.05보다 작아 귀무가설을 기각할 수 있다. 즉, 유의수준 0.05 하에서 나이가 증가할수록 1차 수축기 혈압도 양의 방향으로 통계적으로 유의하게 증가한다고 볼 수 있다. 또한 상관계수가 0.46이므로 두 변수 간 상관성은 다소 높은 편이라고 할 수 있다($r=0.46$, $p<0.0001$).

정답은 부록에

Q9 비만도(BMI)와 2차 이완기 혈압(HE_dbp2) 간에는 상관성이 있을까?

방법 및 순서

① 가설 설정
② 분석전략 설정
③ 산점도 그리기
④ 상관계수와 p-value 구하기
⑤ 결과 해석

5 회귀분석

회귀분석이란 둘 이상의 변수 간의 관련성을 규명하기 위해 어떤 수학적 모형을 가정하고, 측정된 변수들의 데이터로부터 이 모형을 추정하는 통계적 분석 방법이다. 이러한 관련성을 알아보는 분석에 더하여, 독립변수의 값을 지정했을 때 종속변수의 값을 정확하게 추정하는 것 또한 회귀분석의 목적이라고 할 수 있다. 회귀분석의 모형은 독립변수(x, exposure)에 따른 연속형 종속변수(y, outcome)의 변화를 직선식으로 표현한다. 회귀분석은 모든 통계분석의 기본이며 중심이 된다.

선형 회귀분석의 종류로는 단순 선형 회귀분석과 다중 선형 회귀분석이 있다. 단순선형 회귀분석과 다중 선형 회귀분석의 종속변수(y)는 하나이며, 단순 선형 회귀분석은 독립변수가 하나, 다중 선형 회귀분석은 독립변수가 둘 이상이다. 다중 선형 회귀분석에서 주요 노출변수란, 여러 독립변수 중에 중점적으로 관심을 가질 변수를 뜻한다.

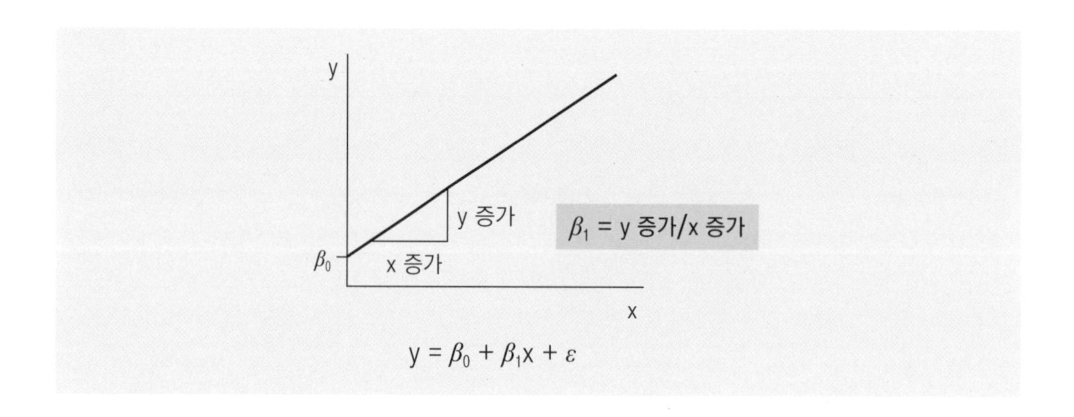

모든 회귀분석의 귀무가설은 '기울기(회귀계수, β)가 0이다'이다. 이는 독립변수(x)가 아무리 바뀌어도 종속변수(y)에 영향을 주지 않는다는 뜻이다.

선형 회귀분석의 가정은 다음과 같다.

- 독립변수(x)와 종속변수(y)의 관계는 선형관계이다. (선형성)
- 잔차는 정규분포를 이룬다. (정규성)

- 잔차의 분산은 동일하다. (등분산성)
- 잔차는 서로 독립적이다. (독립성)

본서에서는 단순 선형 회귀분석과 다중 선형 회귀분석으로 나누어 각 분석법을 알아보고 주요 노출변수(x, exposure)의 성격에 따라 연속형과 범주형으로 각각 나누어 분석을 직접 수행해볼 것이다.

	단순 선형 회귀분석		다중 선형 회귀분석	
주요 노출변수 (X, exposure)	연속형	범주형	연속형	범주형

다중 선형 회귀분석에서는 주요 노출변수가 연속형인 경우 '독립변수(x)가 1단위 증가할 때 결과변수는 β만큼 증가한다'라고 해석하고, 주요 노출변수가 범주형인 경우 '참고범주보다 결과변수가 β만큼 높(크)다'라고 해석한다.

5-1 단순 선형 회귀분석

단순 선형 회귀분석은 노출변수(독립변수, exposure)에 따라 방법이 달라진다. 연속형 노출변수와 달리 범주형 노출변수는 더미변수(dummy variable)를 만들어서 분석에 사용한다.

1) 연속형 노출변수

먼저 노출변수가 연속형인 경우 단순 선형 회귀분석은 어떻게 수행하는지 **〈같이 해보기 5-6〉**을 함께 해보며 익혀보자.

같이 해보기 5-6 비만도(BMI)는 1차 수축기 혈압에 영향을 미치는가?

① 비만도가 높아지면 수축기 혈압이 증가할 수 있으나, 수축기 혈압이 증가하면 비만도가 높아진다고 할 수는 없다. 두 변수 비만도(BMI)와 1차 수축기 혈압(HE_sbp1)의 시간적 선후관계가 명확하고, 비만도와 1차 수축기 혈압 모두 연속형 변수이므로 독립변수(노출변수)가 연속형인 단순 선형 회귀분석을 실시한다.

- 귀무가설: 비만도는 1차 수축기 혈압에 영향을 미치지 않는다. (β=0)
- 대립가설: 비만도는 1차 수축기 혈압에 영향을 미친다. ($\beta \neq 0$)

② 분석 전 결과를 작성할 표 틀을 미리 만든다. 아래 표에서 Crude model은 단순 선형 회귀분석에서 쓰이며, Adjusted model은 보정변수를 적용하여 구하는 값으로 독립변수가 여러 개인 다중 선형 회귀분석에서 쓰인다.

Table. Effect of body mass index on systolic blood pressure

	Systolic blood pressure (mmHg)					
	Crude model			Adjusted model		
	β1	SE	p-value	β2	SE	p-value
Body mass index (kg/m^2)						

β1 and p-value estimated using linear regression model

③ 회귀분석에 필요한 변수를 복사하여 새 시트에 붙여넣고, [데이터] 탭에서 [데이터 분석]을 누르면 다음과 같은 창이 뜬다. 회귀분석을 선택하고 [확인]을 누른다.

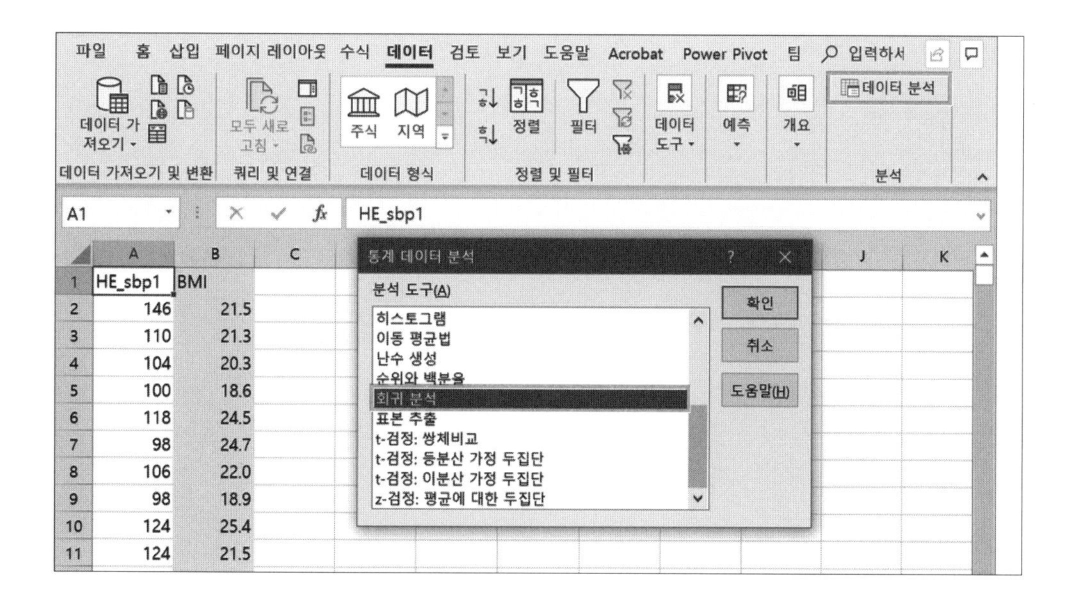

④ [입력]에서 Y축 입력 범위에 1차 수축기 혈압(HE_sbp1)을 선택하고, X축 입력 범위에 비만도(BMI)를 선택한다. 변수명까지 선택했으면 이름표에 체크를 해줘야 하지만 데이터만 선택한 경우에는 이름표에 체크하지 않아도 된다.

[잔차]에서는 잔차(R), 잔차도(D), 표준 잔차(T)를 체크하고, [정규 확률]에서 정규 확률도(N)를 체크한 뒤 [확인]을 누른다. 옵션들에 대한 자세한 내용은 뒤의 '3) 잔차분석 (모형진단)' 부분에서 설명한다(p. 123 참조).

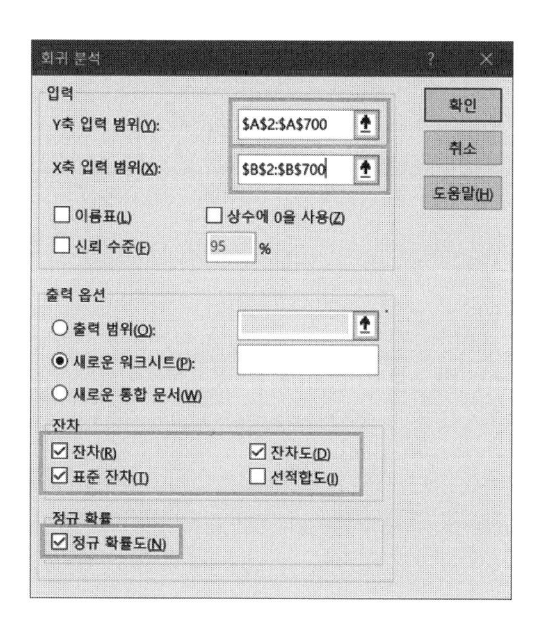

⑤ 새로운 워크시트에 다음과 같은 결과가 출력된다.

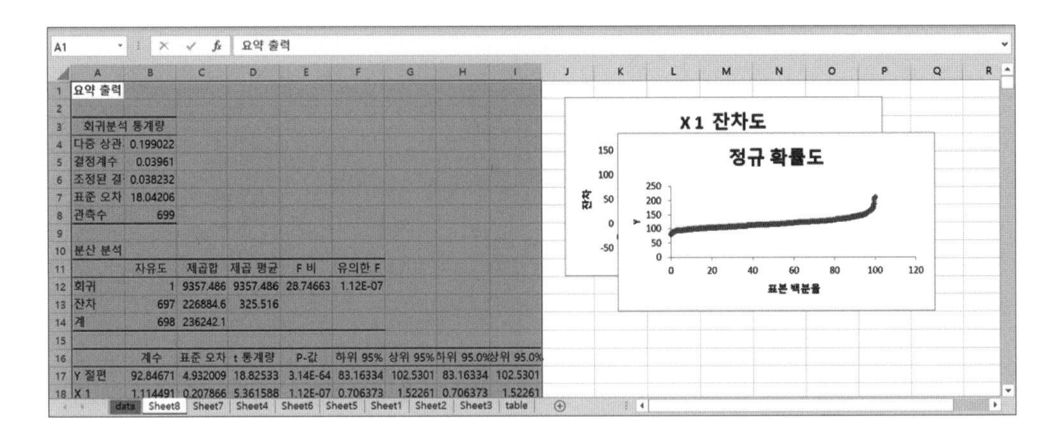

⑥ X1의 계수와 표준오차, p값을 확인한다.

	계수	표준 오차	t 통계량	P-값	하위 95%	상위 95%	하위 95.0%	상위 95.0%
Y 절편	92.84671	4.932009	18.82533	3.14E-64	83.16334	102.5301	83.16334	102.5301
X 1	1.114491	0.207866	5.361588	1.12E-07	0.706373	1.52261	0.706373	1.52261

⑦ 표를 채우고 해석한다.

Table. Effect of body mass index on systolic blood pressure

	Systolic blood pressure (mmHg)					
	Crude model			Adjusted model		
	β1	SE	p-value	β2	SE	p-value
Body mass index (kg/m^2)	1.11	0.21	<0.0001			

β1 and p-value estimated using linear regression model

➜ p-value가 〈0.0001로 유의수준 0.05보다 작아 귀무가설을 기각할 수 있다. 따라서 비만도는 1차 수축기 혈압에 영향을 미치며, 비만도가 1단위(㎏/㎡) 증가할 때 1차 수축기 혈압은 1.11mmHg만큼 통계적으로 유의하게 증가한다고 할 수 있다(p 〈 0.0001).

2) 범주형 노출변수

이번에는 노출변수가 범주형인 경우 단순 선형 회귀분석은 어떻게 수행하는지 **〈같이 해보기 5-7〉**을 함께 해보며 익혀보자.

같이 해보기 5-7 비만도(BMI_gr)는 1차 수축기 혈압에 영향을 미치는가?

① 비만도가 높아지면 수축기 혈압이 증가할 수 있으나, 수축기 혈압이 증가하면 비만도가 높아진다고 할 수는 없다. 두 변수 비만도(BMI_gr)와 1차 수축기 혈압(HE_sbp1)의 시간적 선후관계가 명확하고, 비만도는 범주형 변수이므로 독립변수(주요 노출변수)가 범주형인 단순 선형 회귀분석을 실시한다.

- 귀무가설: 비만도는 1차 수축기 혈압에 영향을 미치지 않는다. ($\beta=0$)
- 대립가설: 비만도는 1차 수축기 혈압에 영향을 미친다. ($\beta\neq0$)

② 분석 전 결과를 작성할 표 틀을 미리 만든다. 아래 표에서 'ref'는 비교 대상이 되는 기준(reference)을 뜻한다.

Table. Effect of body mass index on systolic blood pressure

		Systolic blood pressure (mmHg)					
		Crude model			Adjusted model		
	N	β1	SE	p-value	β2	SE	p-value
Body mass index (kg/m^2)							
Normal (<25)	493	ref			ref		
Overweight (25-<30)	180						
Obese (≥30)	26						

β1 and p-value estimated using linear regression model

③ 회귀분석에 필요한 변수를 복사하여 새 시트에 붙여넣는다. 독립변수가 연속형인 단순 선형 회귀분석과 달리, 독립변수가 범주형인 경우는 더미변수(dummy variable)를 만들어야 한다. 더미변수는 0 또는 1의 값을 갖는 변수로 (범주 개수 - 1)개의 변수를 만들어야 한다. 비만도(BMI_gr)의 범주는 3개(비만, 과체중, 정상)이므로 2개의 더미변수를 아래와 같이 만든다. 엑셀의 IF 함수를 활용하여 만들면 편리하다.

변수명	내용	수식
D.BMI_gr2	BMI_gr 값이 2이면 1, 그렇지 않으면 0	C2 = IF(A2=2,1,0)
D.BMI_gr3	BMI_gr 값이 3이면 1, 그렇지 않으면 0	D2 = IF(A2=3,1,0)

C2, D2 셀에 수식을 입력한 후 복사하여 아래로 쭉 붙여넣는다.

A1 | BMI_gr

	A	B	C	D	E	F
1	BMI_gr	HE_sbp1	D.BMI_gr2	D.BMI_gr3		
2	1	146	0	0		
3	1	110	0	0		
4	1	104	0	0		
5	1	100	0	0		
6	1	118	0	0		
7	1	98	0	0		
8	1	106	0	0		
9	1	98	0	0		
10	2	124	1	0		
11	1	124	0	0		
12	2	130	1	0		
13	1	98	0	0		
14	1	118	0	0		
15	1	94	0	0		
16	2	126	1	0		
17	1	112	0	0		
18	1	170	0	0		

data | Sheet1 | Sheet8 | Sheet4 | table

④ [데이터] 탭에서 [데이터 분석]을 누르고, 다음과 같은 창이 뜨면 회귀분석을 선택한 후 [확인]을 누른다. [회귀분석]에서는 입력 범위와 원하는 옵션을 선택한다. Y축 입력 범위에는 종속변수(결과변수, outcome)인 ‘HE_sbp1’을, X축 입력 범위에는 독립변수(BMI_gr)의 더미변수인 ‘D.BMI_gr2’, ‘D.BMI_gr3’를 선택한다.

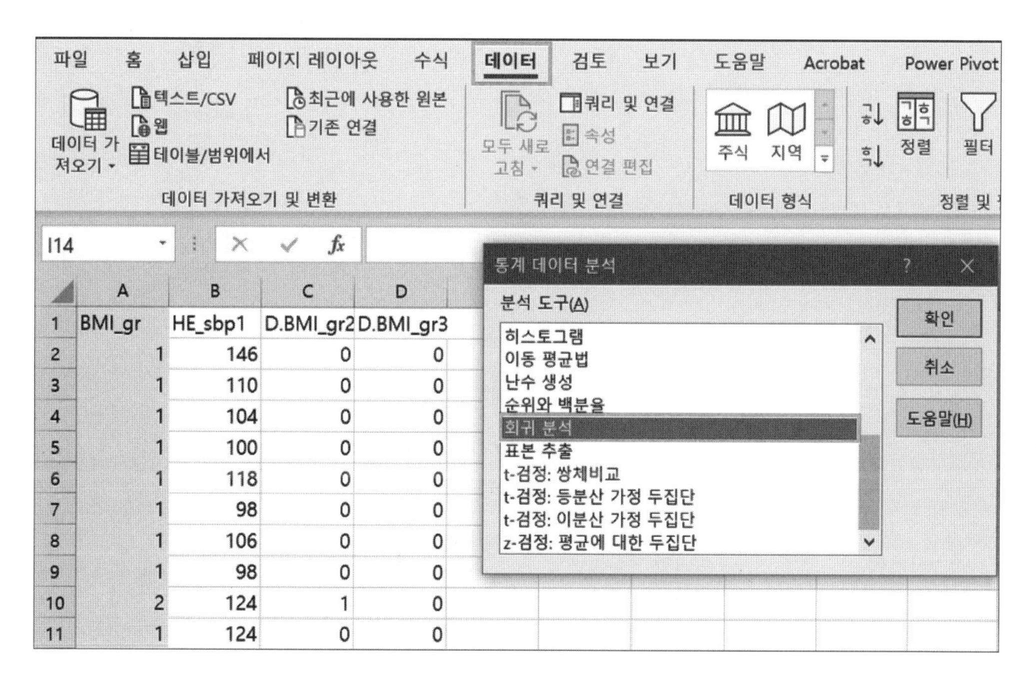

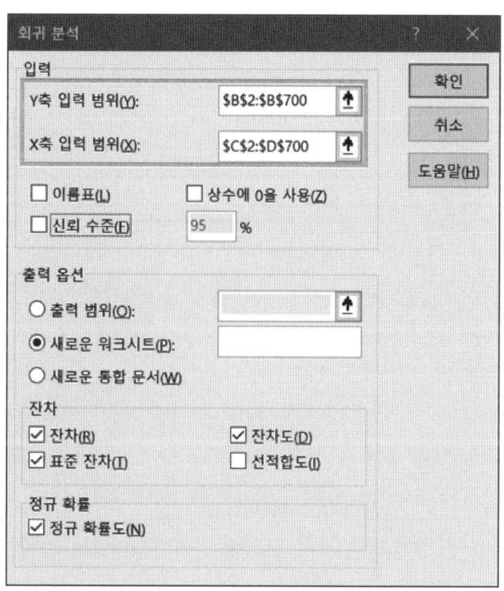

⑤ 새로운 워크시트에 다음과 같은 결과가 출력된다.

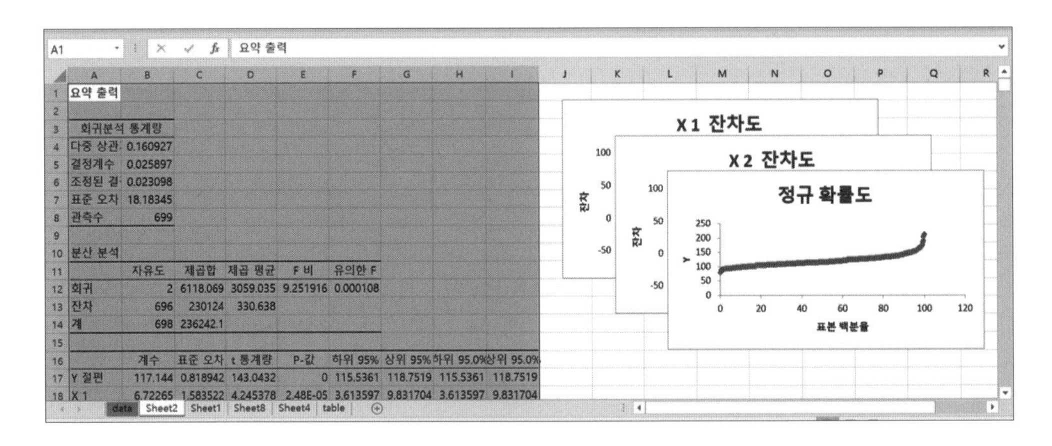

⑥ X1, X2의 계수와 표준오차, p값을 확인한다.

	계수	표준 오차	t 통계량	P-값	하위 95%	상위 95%	하위 95.0%	상위 95.0%
Y 절편	117.144	0.818942	143.0432	0	115.5361	118.7519	115.5361	118.7519
X 1	6.72265	1.583522	4.245378	2.48E-05	3.613597	9.831704	3.613597	9.831704
X 2	4.317522	3.658895	1.180007	0.2384	-2.86627	11.50132	-2.86627	11.50132

⑦ 표를 채우고 해석한다.

Table. Effect of body mass index on systolic blood pressure

		Systolic blood pressure (mmHg)					
		Crude model			Adjusted model		
	N	β1	SE	p-value	β2	SE	p-value
Body mass index (kg/m^2)							
Normal (<25)	493	ref			ref		
Overweight (25-<30)	180	6.72	1.58	<0.0001			
Obese (≥30)	26	4.32	3.66	0.24			

β1 and p-value estimated using linear regression model

→ 과체중군(Overweight)은 정상군(Normal)에 비해 1차 수축기 혈압이 6.72mmHg만큼 통계적으로 유의하게 높고(p 〈 0.0001), 비만군(Obese)은 정상군(Normal)에 비해 1차 수축기 혈압이 4.32mmHg만큼 높으나 통계적으로 유의하지 않다(p=0.24).

3) 잔차분석 (모형진단)

잔차분석이란 회귀모형에 대한 3가지 가정(정규성, 등분산성, 독립성)의 충족 여부를 검토하는 분석이다. 잔차(residual, e_i)는 실제 관측치(y_i)와 회귀모형에 의해 적합된 값($\hat{y}_i$)의 차이를 말하며, 회귀분석에서 잔차제곱합 $SSE = \sum(y_i - \hat{y}_i)^2 = \sum e_i^2$을 통해 모수(parameter)를 추정한다.

회귀모형의 진단은 '그래프상의 많은 점들을 하나의 직선으로 표현하는 것이 적절한가?'에 대한 물음에서 출발한다. 잔차의 분포로 그려지는 잔차도와 정규확률도를 통해 회귀모형에 대해 진단할 수 있다.

엑셀에서는 [데이터] → [데이터 분석] → [회귀분석]에서 잔차에 대한 옵션을 선택하여 잔차분석을 실시한다.

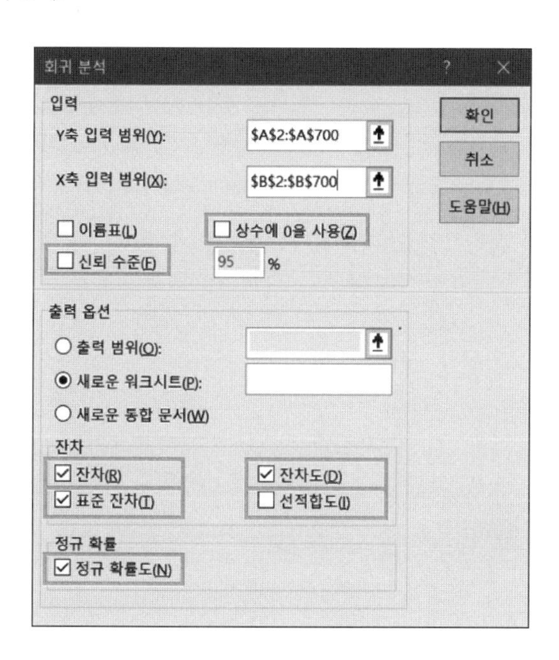

위 그림에 나타난 회귀분석 옵션들이 무엇을 의미하는지 간단히 정리해보면 다음과 같다.

- 상수에 0을 사용 : 절편이 없는(원점을 통과하는) 회귀선을 의미함
- 신뢰수준 : 입력된 신뢰수준(여기서는 95%)에 따라 회귀계수의 신뢰구간을 구함
- 잔차 : 잔차($y-\hat{y}_i$)를 출력함
- 잔차도 : 잔차를 x축에 따라 그림, 모형의 적합성과 오차의 독립성을 검토함
- 표준잔차 : 표준화된 잔차를 그림, ±3 범위를 넘는 이상값을 검토함
- 선적합도 : 관측값과 추정값을 그림
- 정규확률도 : 오차항(잔차항)이 정규분포를 따르는지 검토, 직선에 가까우면 정규분포라고 판단함

잔차도와 정규확률도는 다음과 같은 형태로 나타난다. 아래 왼쪽 그림과 같이 잔차플롯(residual plot)이 0을 중심으로 랜덤하게 퍼져 있으면 잔차가 등분산성 및 독립성을 따른다고 할 수 있다. 아래 오른쪽 그림과 같이 Q–Q 플롯(quantile-quantile plot)이 대각선에 가까운 형태를 띠면 잔차가 정규성을 따른다고 할 수 있다.

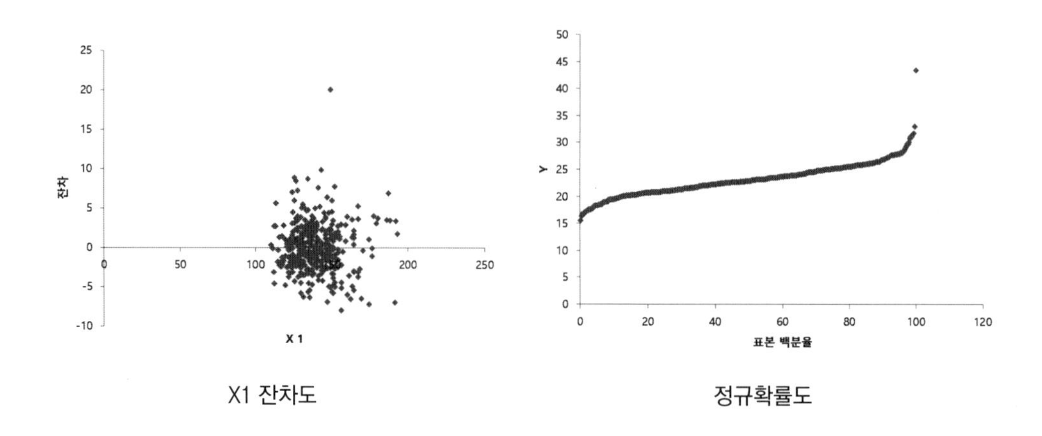

X1 잔차도 정규확률도

5-2 다중 선형 회귀분석

다중 선형 회귀분석은 독립변수 여러 개와 종속변수 하나로 이루어진 회귀모형을 뜻한다. 이는 특정 독립변수, 즉 '주요 노출변수'가 종속변수에 미치는 영향을 기타 교란변수의 영향을 보정한 상태에서 보고자 할 때 사용한다. 즉 연구자는 주요 노출변수가 종속변수에 미치는 영향이 어떤지만을 알고 싶지만, 실제로는 종속변수에 대해 여러 독립변수가 동시에 영향을 미치므로 이에 대해 고려할 필요가 있다. 의학 및 보건학에서는 보정변수를 동일 회귀모형에 적용하여 이를 해결(보정)하거나 데이터를 따로 구분하여 분석하는 층화분석을 수행한다.

보정(adjustment)이란 주요 노출변수와 결과변수의 관련성에 제3의 요인(교란변수, confounding factor)이 영향을 미칠 때, 분석 시 이를 모형에 포함하여 그 영향을 통제하는 것을 뜻한다. 통상적으로 선행연구에 포함된 변수들, 임상적으로 입증된 변수들, 그리고 현재 데이터에서 주요 노출변수 및 결과변수와 상관성이 있는 변수들을 보정한다.

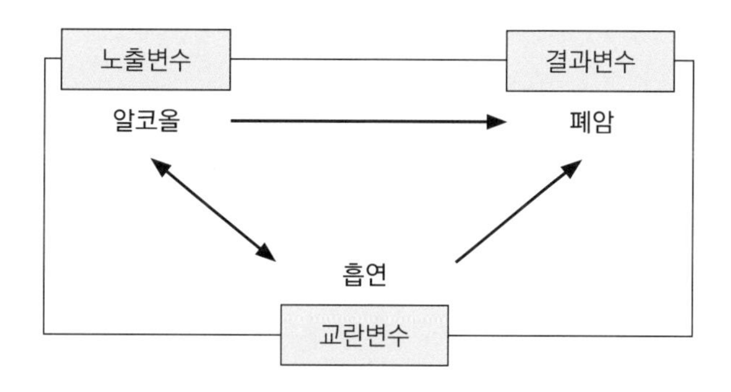

회귀모형에서 독립변수 간 높은 상관성을 가질 때 다중공선성(multicollinearity)이 있다고 한다. 다중공선성을 알아보는 분산팽창지수(variance inflation factor, VIF)는 엑셀에서는 산출해주지 않으나 대부분의 통계 패키지에서는 산출할 수 있다. VIF가 10보다 큰 경우 다중공선성이 있다고 할 수 있다.

1) 주요 노출변수가 연속형인 경우

주요 노출변수가 연속형인 경우 다중 선형 회귀분석은 어떻게 수행하는지 **〈같이 해보기 5-8〉**을 함께 해보며 익혀보자.

같이 해보기 5-8 **비만도(BMI)는 1차 수축기 혈압에 영향을 미치는가? (성별과 생애주기별 연령군을 보정했을 때)**

① 비만도가 높아지면 수축기 혈압이 증가할 수 있으나, 수축기 혈압이 증가하면 비만도가 높아진다고 할 수는 없다. 두 변수 비만도(BMI)와 1차 수축기 혈압(HE_sbp1)의 시간적 선후관계가 명확하고, 비만도는 연속형 변수이므로 독립변수(주요 노출변수)가 연속형인 다중 선형 회귀분석을 실시한다. 보정변수인 성별(sex)과 생애주기별 연령군(age_gr3)을 포함하여 총 3개의 변수가 독립변수가 된다.

- 귀무가설: 비만도는 1차 수축기 혈압에 영향을 미치지 않는다. ($\beta=0$)
- 대립가설: 비만도는 1차 수축기 혈압에 영향을 미친다. ($\beta\neq0$)

② 분석 전 결과를 작성할 표 틀을 미리 만든다. **〈같이 해보기 5-6: 비만도(BMI)는 1차 수축기 혈압에 영향을 미치는가?〉**에서 사용했던 표 틀을 가져와 분석 방법을 새로 추가한다.

Table. Effect of body mass index on systolic blood pressure

	Systolic blood pressure (mmHg)					
	Crude model			Adjusted model		
	β1	SE	p-value	β2	SE	p-value
Body mass index (kg/m^2)	1.11	0.21	<0.0001			

β1 and p-value estimated using linear regression model

β2 and p-value estimated using linear regression model adjusted for age and sex

③ 필요한 변수를 복사하여 새 시트에 붙여넣는다. 성별의 범주는 2개이므로 따로 더미변수를 만들지 않아도 되지만, 생애주기별 연령군의 범주는 3개이므로 더미변수를 2개 만들어야 한다.

변수명	내용	수식
D.age_gr32	age_gr3 값이 2이면 1, 그렇지 않으면 0	D2 = IF(F2=2,1,0)
D.age_gr33	age_gr3 값이 3이면 1, 그렇지 않으면 0	E2 = IF(F2=3,1,0)

D2, E2 셀에 수식을 입력한 후 복사하여 아래로 쭉 붙여넣는다.

	A	B	C	D	E	F
1	HE_sbp1	sex	BMI	D.age_gr3	D.age_gr3	age_gr3
2	146	1	21.5	0	1	3
3	110	1	21.3	0	0	1
4	104	2	20.3	0	0	1
5	100	1	18.6	0	1	3
6	118	2	24.5	0	1	3
7	98	1	24.7	0	0	1
8	106	2	22.0	0	0	1
9	98	2	18.9	1	0	2
10	124	2	25.4	0	1	3
11	124	2	21.5	0	0	1
12	130	2	26.9	0	1	3
13	98	2	24.8	1	0	2
14	118	1	22.1	1	0	2

④ [데이터] → [데이터 분석] → [통계 데이터 분석] 창에서 회귀분석을 선택하고 [확인]을 누른다. [회귀분석]에서는 입력 범위와 원하는 옵션을 선택한다. Y축 입력 범위에는 종속변수(결과변수, outcome)인 'HE_sbp1'을, X축 입력 범위에는 주요 노출변수인 'BMI'와 보정변수인 'sex', 그리고 보정변수 'age_gr3'의 더미변수인 'D.age_gr32', 'D.age_gr33'을 넣는다.

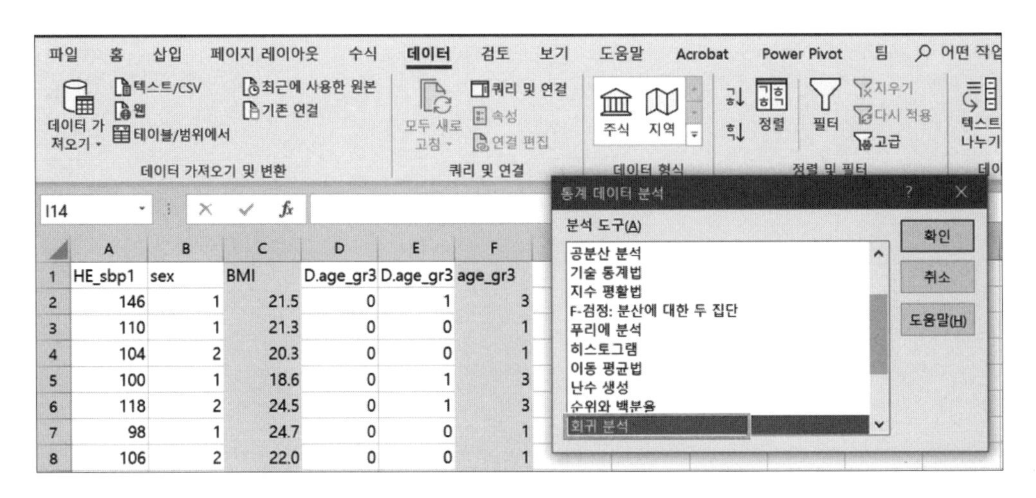

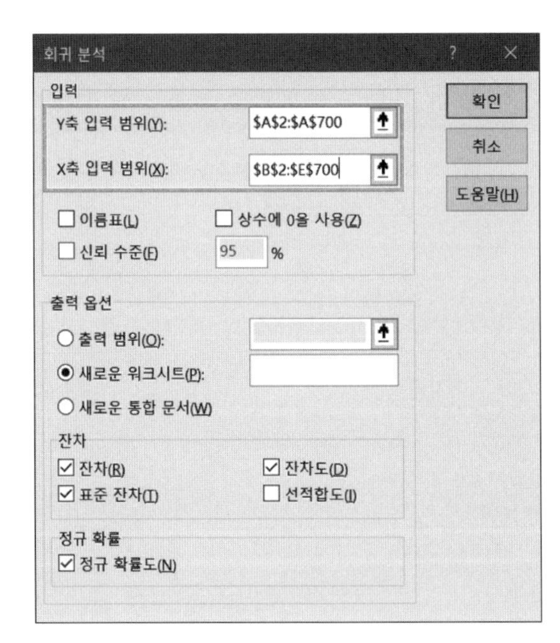

⑤ 새로운 워크시트에 다음과 같은 결과가 출력된다.

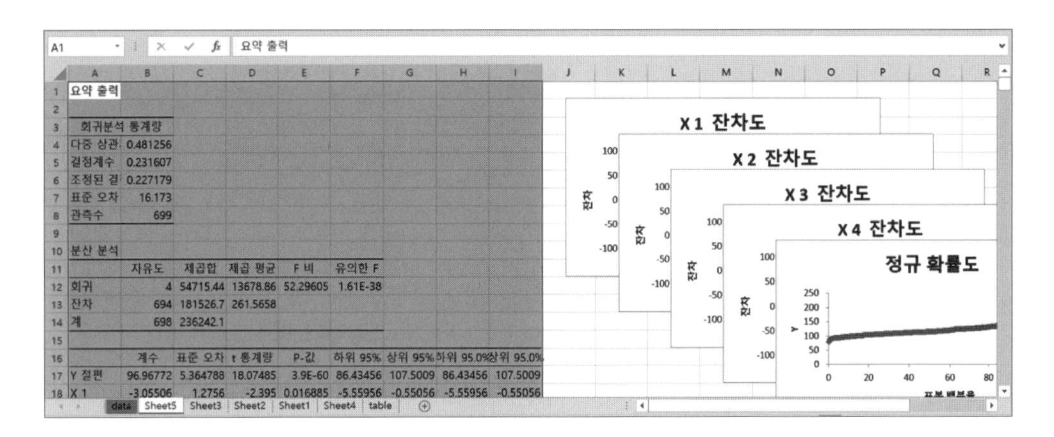

요약 출력

회귀분석 통계량	
다중 상관	0.481256
결정계수	0.231607
조정된 결	0.227179
표준 오차	16.173
관측수	699

분산 분석

	자유도	제곱합	제곱 평균	F 비	유의한 F
회귀	4	54715.44	13678.86	52.29605	1.61E-38
잔차	694	181526.7	261.5658		
계	698	236242.1			

	계수	표준 오차	t 통계량	P-값	하위 95%	상위 95%	하위 95.0%	상위 95.0%
Y 절편	96.96772	5.364788	18.07485	3.9E-60	86.43456	107.5009	86.43456	107.5009
X 1	-3.05506	1.2756	-2.395	0.016885	-5.55956	-0.55056	-5.55956	-0.55056

⑥ X1, X2, X3, X4의 계수와 표준오차, p값을 확인한다.

		계수	표준 오차	t 통계량	P-값	하위 95%	상위 95%	하위 95.0%	상위 95.0%
	Y 절편	96.96772	5.364788	18.07485	3.9E-60	86.43456	107.5009	86.43456	107.5009
sex	X 1	-3.05506	1.2756	-2.395	0.016885	-5.55956	-0.55056	-5.55956	-0.55056
BMI	X 2	0.763587	0.192428	3.96816	8E-05	0.385775	1.141398	0.385775	1.141398
age_gr3 = 2	X 3	12.33427	1.378934	8.944787	3.35E-18	9.626888	15.04165	9.626888	15.04165
age_gr3 = 3	X 4	20.20267	1.666513	12.12272	8.16E-31	16.93066	23.47469	16.93066	23.47469
		베타(β)	표준오차 (SE)		p-value				

⑦ 표를 채우고 해석한다.

Table. Effect of body mass index on systolic blood pressure

	Systolic blood pressure (mmHg)					
	Crude model			Adjusted model		
	β1	SE	p-value	β2	SE	p-value
Body mass index (kg/m^2)	1.11	0.21	<0.0001	0.76	0.19	<0.0001

β1 and p-value estimated using linear regression model

β2 and p-value estimated using linear regression model adjusted for age and sex

→ 성별과 연령을 보정하였을 때, BMI가 1단위(㎏/㎡) 증가할 때 1차 수축기 혈압은 0.76mmHg만큼 통계적으로 유의하게 증가하였다(p 〈 0.0001).

2) 주요 노출변수가 범주형인 경우

주요 노출변수가 범주형인 경우 다중 선형 회귀분석은 어떻게 수행하는지 **〈같이 해보기 5-9〉**를 함께 해보며 익혀보자.

같이 해보기 5-9 비만도(BMI_gr)는 1차 수축기 혈압에 영향을 미치는가? (성별과 생애주기별 연령군을 보정했을 때)

① 비만도가 높아지면 수축기 혈압이 증가할 수 있으나, 수축기 혈압이 증가하면 비만도가 높아진다고 할 수는 없다. 두 변수 비만도(BMI_gr)와 1차 수축기 혈압(HE_sbp1)의 시간적 선후관계가 명확하고, 비만도는 범주형 변수이므로 독립변수(주요 노출변수)가 범주형인 다중 선형 회귀분석을 실시한다. 보정변수인 성별(sex)과 생애주기별 연령군(age_gr3)을 포함하여 총 3개의 변수가 독립변수가 된다.

- 귀무가설: 비만도는 1차 수축기 혈압에 영향을 미치지 않는다. ($\beta=0$)
- 대립가설: 비만도는 1차 수축기 혈압에 영향을 미친다. ($\beta\neq0$)

② 분석 전 결과를 작성할 표 틀을 미리 만든다. **〈같이 해보기 5-7: 비만도(BMI_gr)는 1차 수축기 혈압에 영향을 미치는가?〉**에서 사용했던 표 틀을 가져와 아래에 분석 방법을 새로 추가한다.

Table. Effect of body mass index on systolic blood pressure

		Systolic blood pressure (mmHg)					
		Crude model			Adjusted model		
	N	β1	SE	p-value	β2	SE	p-value
Body mass index (kg/m²)							
Normal (<25)	493	ref			ref		
Overweight (25-<30)	180	6.72	1.58	<0.0001			
Obese (≥30)	26	4.32	3.66	0.24			

β1 and p-value estimated using linear regression model

β2 and p-value estimated using linear regression model adjusted for age and sex

③ 필요한 변수를 복사하여 새 시트에 붙여넣고 엑셀의 IF 함수를 활용하여 아래와 같이 더미변수를 만든다. 주요 노출변수인 'BMI_gr'의 범주는 3개, 생애주기별 연령군의 범주도 3개이므로 각각에 대하여 더미변수를 2개씩 만들어야 한다.

변수명	내용	수식
D.BMI_gr2	BMI_gr 값이 2이면 1, 그렇지 않으면 0	B2 = IF(H2=2, 1, 0)
D.BMI_gr3	BMI_gr 값이 3이면 1, 그렇지 않으면 0	C2 = IF(H2=3, 1, 0)
D.age_gr32	age_gr3 값이 2이면 1, 그렇지 않으면 0	E2 = IF(G2=2, 1, 0)
D.age_gr33	age_gr3 값이 3이면 1, 그렇지 않으면 0	F2 = IF(G2= 3, 1, 0)

	A	B	C	D	E	F	G	H
1	HE_sbp1	D.BMI_gr2	D.BMI_gr3	sex	D.age_gr32	D.age_gr33	age_gr3	BMI_gr
2	146	0	0	1	0	1	3	1
3	110	0	0	1	0	0	1	1
4	104	0	0	2	0	0	1	1
5	100	0	0	1	0	1	3	1

④ [데이터] → [데이터 분석] → [통계 데이터 분석] 창에서 회귀분석을 선택하고 [확인]을 누른다. [회귀분석]에서는 입력 범위와 원하는 옵션을 선택한다. Y축 입력 범위에는 종속변수(결과변수, outcome)인 'HE_sbp1'을, X축 입력 범위에는 주요 노출변수(BMI_gr)의 더미변수인 'D.BMI_gr2', 'D.BMI_gr3'과 보정변수인 'sex', 그리고 보정변수 'age_gr3'의 더미변수인 'D.age_gr32', 'D.age_gr33'을 넣는다.

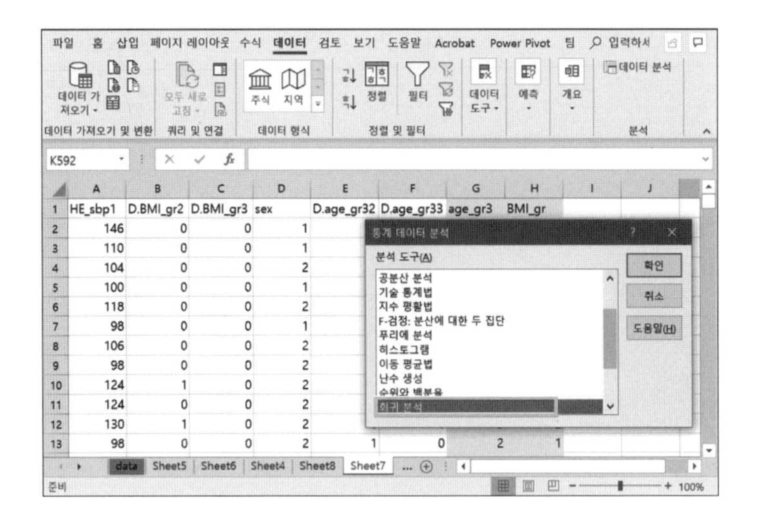

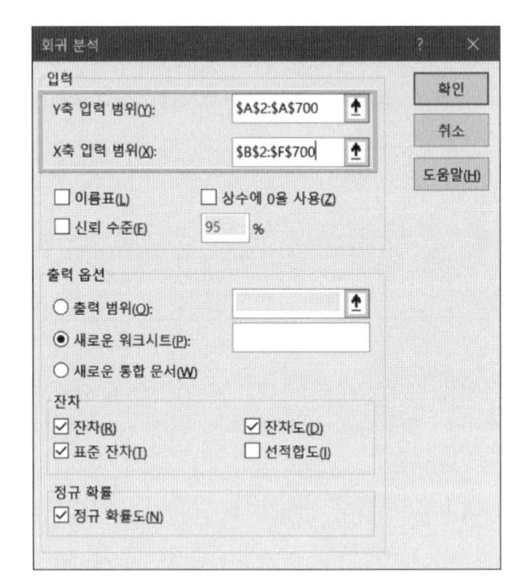

⑤ 새로운 워크시트에 다음과 같은 결과가 출력된다.

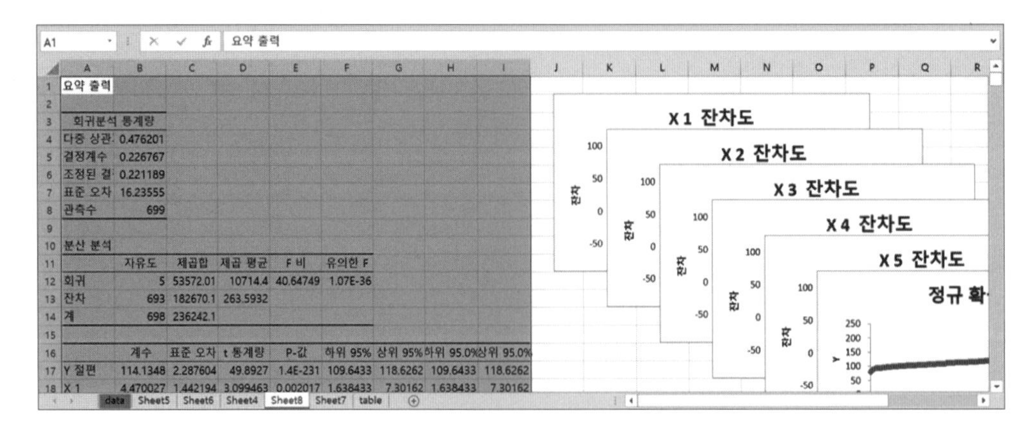

⑥ X1, X2, X3, X4의 계수와 표준오차, p값을 확인한다.

		베타(β) 계수	SE 표준 오차	t 통계량	p-value P-값	하위 95%	상위 95%	하위 95.0%	상위 95.0%
	Y 절편	114.135	2.2876	49.8927	1E-231	109.643	118.626	109.643	118.626
BMI_gr = 2	X 1	4.47003	1.44219	3.09946	0.00202	1.63843	7.30162	1.63843	7.30162
BMI_gr = 3	X 2	5.36843	3.26881	1.64232	0.10098	-1.04952	11.7864	-1.04952	11.7864
sex	X 3	-3.51425	1.26703	-2.7736	0.00569	-6.00193	-1.02656	-6.00193	-1.02656
age_gr3 = 2	X 4	12.5725	1.38278	9.09217	1E-18	9.85757	15.2875	9.85757	15.2875
age_gr3 = 3	X 5	20.4621	1.67224	12.2364	2.6E-31	17.1788	23.7454	17.1788	23.7454

⑦ 표를 채우고 해석한다.

Table. Effect of body mass index on systolic blood pressure

		Systolic blood pressure (mmHg)					
		Crude model			Adjusted model		
	N	β1	SE	p-value	β2	SE	p-value
Body mass index (kg/m^2)							
Normal (<25)	493	ref			ref		
Overweight (25-<30)	180	6.72	1.58	<0.0001	4.47	1.44	0.002
Obese (≥30)	26	4.32	3.66	0.24	5.37	3.27	0.10

β1 and p-value estimated using linear regression model

β2 and p-value estimated using linear regression model adjusted for age and sex

→ 성별과 연령을 보정하였을 때, 정상군에 비해 과체중군의 1차 수축기 혈압은 4.47mmHg만큼 통계적으로 유의하게 높았고(p=0.002), 정상군에 비해 비만군은 5.37mmHg만큼 높았으나 통계적으로 유의하지 않았다(p=0.10).

정답은 부록에

Q10 몸무게(HE_wt)는 2차 수축기 혈압(HE_sbp2)에 어떤 영향을 미치는가? 성별(sex), 연령(age), 주관적 건강상태(D_1_1)로 보정한다.

방법 및 순서

① 가설 설정
② 분석전략 설정
③ 표 틀 만들기
④ 회귀계수와 p-value 구하기
⑤ 결과 해석

Q11 연령(age_gr3)은 2차 수축기 혈압(HE_sbp2)에 어떤 영향을 미치는가? 성별(sex), 비만도(BMI_gr), 주관적 건강상태(D_1_1)로 보정한다.

방법 및 순서

① 가설 설정
② 분석전략 설정
③ 표 틀 만들기
④ 회귀계수와 p-value 구하기
⑤ 결과 해석

6 로지스틱 회귀분석

로지스틱 회귀분석이란 독립변수와 이분형(binary) 종속변수와의 관계를 규명하기 위해 어떤 수학적 모형을 가정하고, 측정된 변수들의 데이터로부터 이 모형을 추정하는 통계분석 방법이다. 이를 통해 독립변수(x, 노출변수)가 종속변수(y, 예: 질병발생 유무)에 어떤 영향을 주는지 알아볼 수 있다.

로지스틱 회귀분석은 기존의 회귀분석의 확장 형태로, 이분형 종속변수를 직선형으로 표현하기 위해 각 독립변수에 대응하는 종속변수의 확률 개념을 적용한 로짓함수(logit function)를 사용한다. 이때 회귀모형의 변환이 이루어지며 회귀계수인 β를 적용한 e^{β}를 사용한다.

로지스틱 회귀분석의 결과물로는 오즈비(odds ratio, OR)가 산출되는데, 이 오즈비는 비교위험도(relative risk, RR)로서 노출군에서의 질병발생률을 비노출군에서의 질병발생률로 나눈 것이다. 즉 '비노출군보다 노출군에서 질병발생 위험도가 오즈비만큼 높다'고 해석할 수 있다. 예를 들면, 오즈비가 2인 경우 '비흡연자보다 흡연자의 폐암 발생 위험도가 2배 높다'고 해석할 수 있다.

6-1 RegressItLogistic 설치하여 엑셀에 추가하기

엑셀의 데이터 분석에는 로지스틱 회귀분석 기능이 없다. 따라서 따로 소프트웨어를 설치하여 엑셀에 추가해줘야 한다(Microsoft Excel Add-In).

RegressIt은 무료로 배포되는 엑셀의 추가 기능 프로그램이다. 통계 소프트웨어인 R과의 연동성도 뛰어나며 직관적인 인터페이스로 사용이 쉽다. 기본 프로그램(RegressItPC, RegressItMac)에는 회귀분석과 다변량 데이터 분석 기능이 있으며, 로지스틱 회귀분석 프로그램(RegressItLogistic)에는 기본 프로그램에 로지스틱 회귀분석이 추가된 기능이 있다.

1) RegressItLogistic 설치

해당 홈페이지(https://regressit.com/regressitlogistic.html)에 접속해 스크롤을 내리다 보면, 아래 그림과 같이 'RegressItLogistic.xlam'이라고 쓰여진 글자가 보일 것이다. 그 부분을 클릭하여 바탕화면에 저장한다.

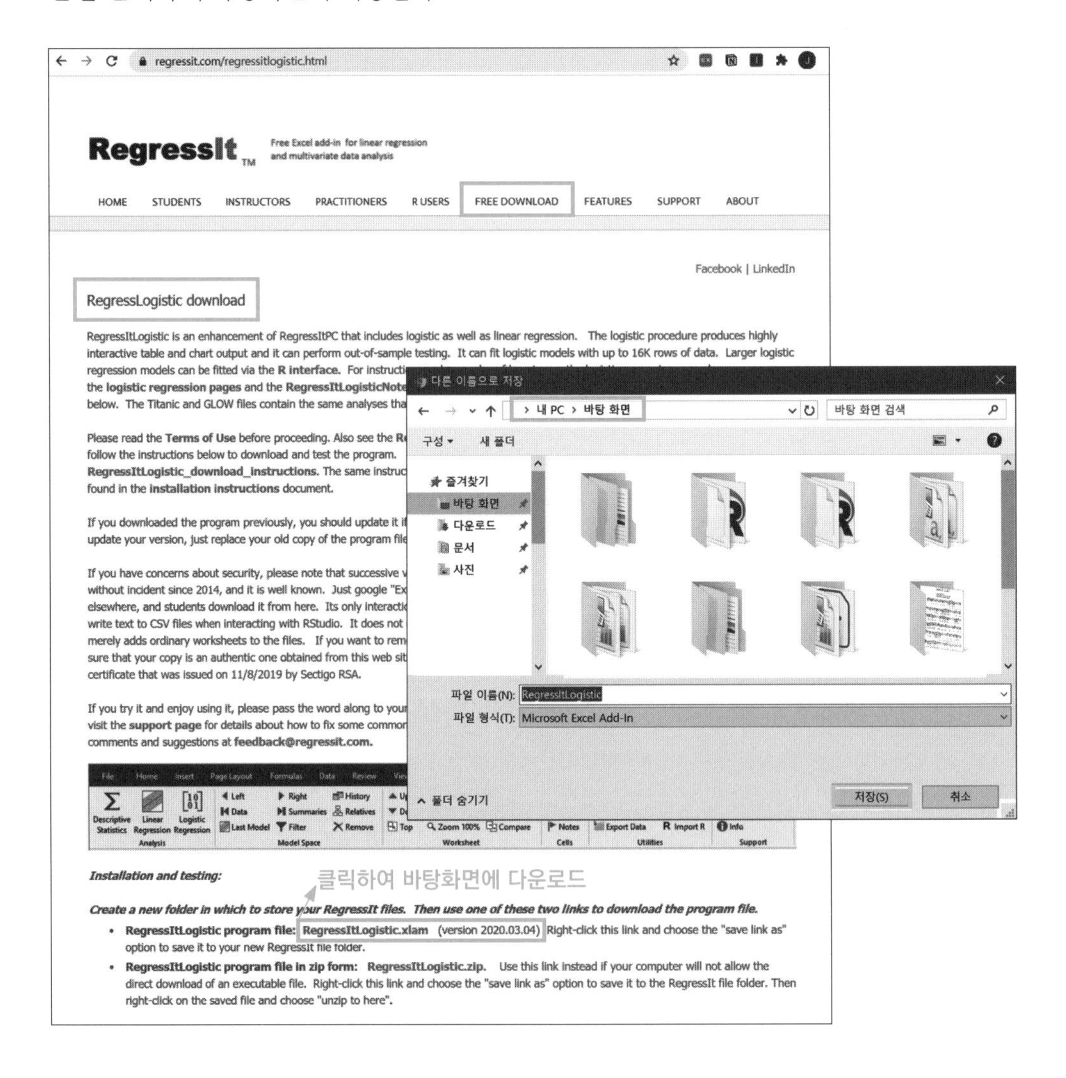

저장한 후에 바로 실행하면 안 되고 **반드시 첫 실행 전에 '차단 해제'를 해야 한다.**

2) RegressItLogistic 실행

바탕화면에서 RegressItLogistic 파일을 찾아 마우스 오른쪽 버튼을 눌러 [속성]에서 '보안: 차단 해제'에 체크를 하고 [확인]을 누른다.

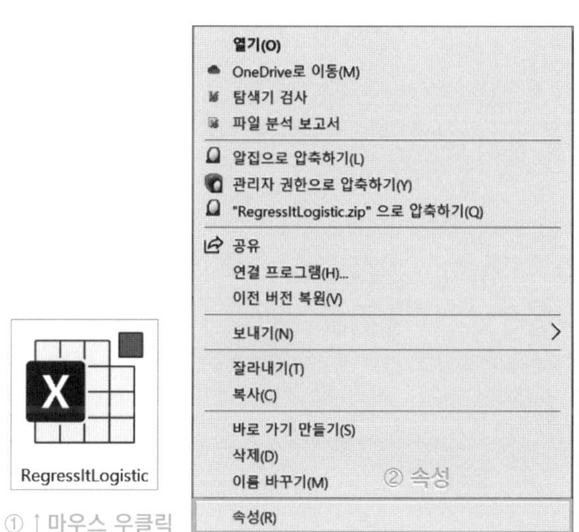

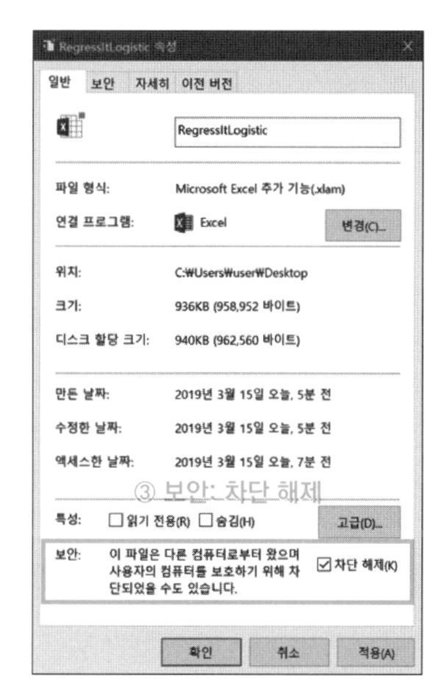

차단 해제를 완료한 후에 다시 바탕화면으로 가서 RegressItLogistic 파일을 더블클릭하면 다음과 같은 경고창이 뜬다. [Microsoft Excel 보안 알림]과 [Microsoft Excel]에서 각각 [게시자의 모든 내용 신뢰]와 [확인]을 누르면 된다.

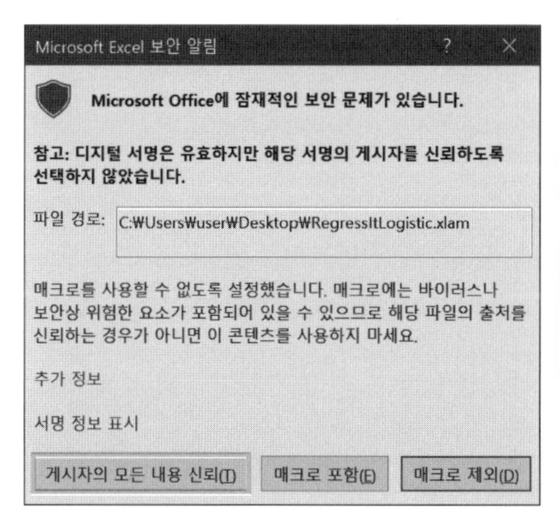

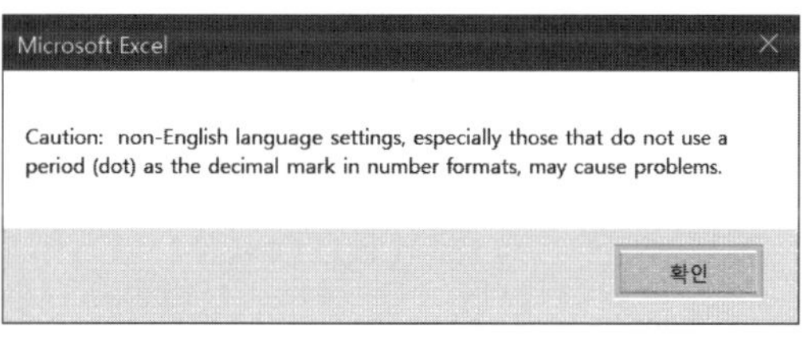

아래는 엑셀에 RegressItLogistic이 설치된 모습이다. 이제 엑셀에서도 로지스틱 회귀분석을 수행할 수 있다.

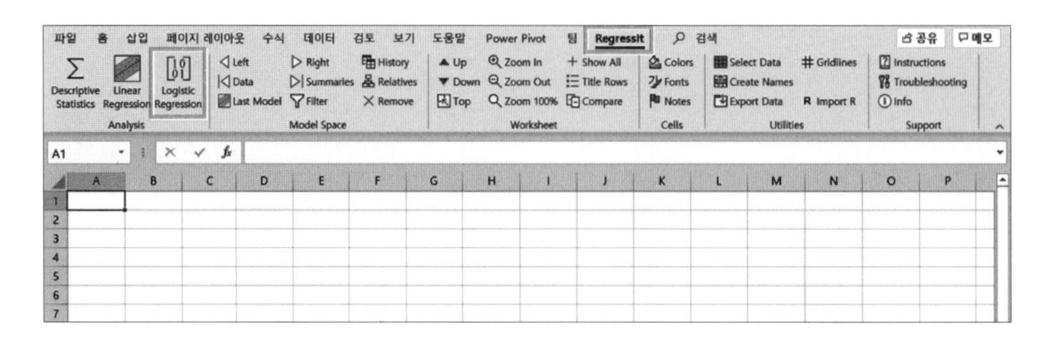

참고로, 엑셀을 실행시킨 후 [파일] → [옵션] → [추가 기능]에서 Excel 추가 기능을 관리할 수 있다. 'RegressItLogistic'을 추가 기능에 체크해야 추후에 편리하게 사용할 수 있다.

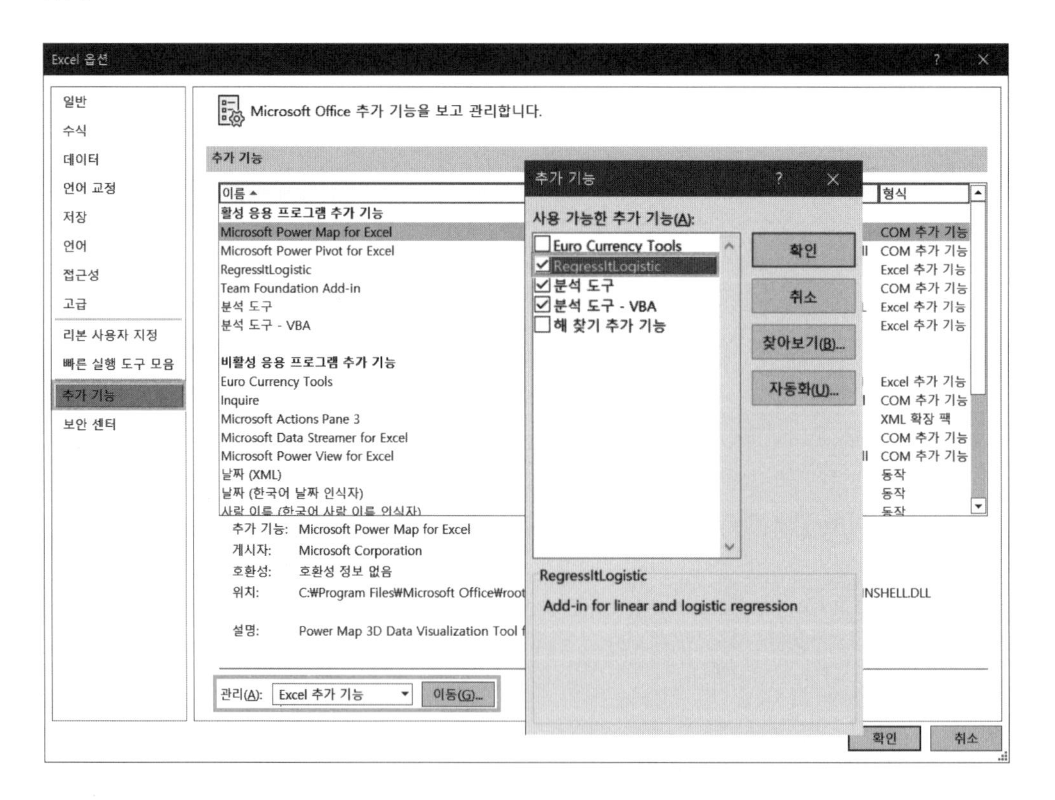

6-2 주요 노출변수가 연속형인 경우

1) 단순 선형 모형

주요 노출변수가 연속형인 경우 단순선형 회귀모형은 어떻게 수행하는지 **〈같이 해보기 5-10〉**을 함께 해보며 익혀보자.

같이 해보기 5-10 **비만도(BMI)는 고혈압 유병률(DI1_dg)에 영향을 미치는가?**

① 비만도가 높아지면 고혈압 유병률이 증가할 수 있으나, 고혈압 유병률이 증가하면 비만도가 높아진다고 할 수는 없다. 두 변수 비만도(BMI)와 고혈압 유병률(DI1_dg)의 시간적 선후관계가 명확하고, 비만도는 연속형 변수이므로 독립변수(주요 노출변수)가 연속형인 로지스틱 회귀분석을 실시한다. 보정변수인 성별(sex)과 생애주기별 연령군(age_gr3)을 포함하여 총 3개의 변수가 독립변수가 된다.

- 귀무가설: 비만도는 고혈압 유병률에 영향을 미치지 않는다.
- 대립가설: 비만도는 고혈압 유병률에 영향을 미친다.

② 분석 전 결과를 작성할 표 틀을 미리 만든다.

Table. Odds ratio and 95% CI for hypertension according to body mass index

	Hypertension			
	Crude model		Adjusted model	
	cOR	95% CI	aOR	95% CI
Body mass index (kg/m2)				

cOR and 95% CI estimated using logistic regression model

③ 필요한 변수만 골라서 새 시트에 복사하여 붙여넣는다.

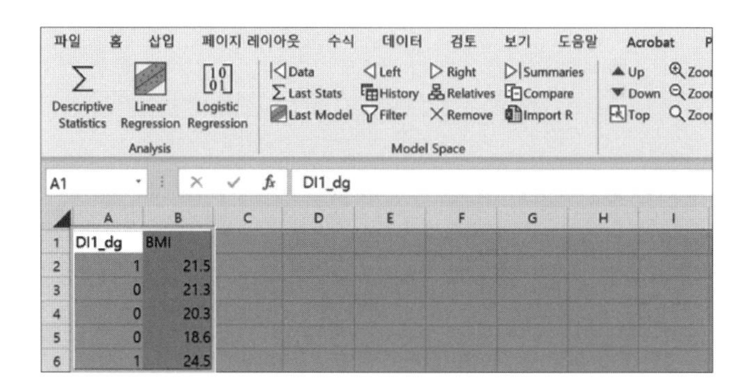

④ [RegressIt] → [Utilities] → [Select Data]를 눌러 데이터를 선택한다. [Select Data]를 누르면 자동으로 현재 시트에 있는 데이터가 전부 선택된다. 경우에 따라서는 데이터 분석 시 필요하지 않은 데이터가 현재 시트에 있을 수 있으니 필요한 데이터만을 직접 드래그하여 선택해도 된다.

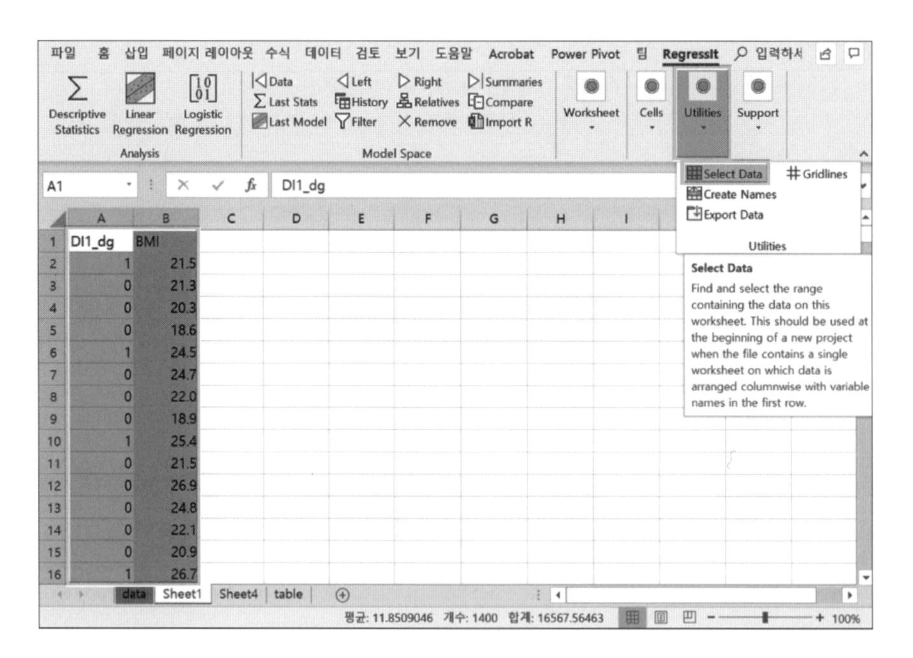

⑤ [RegressIt] → [Utilities] → [Create Names]를 눌러 로지스틱 회귀분석에서 사용할 변수의 이름을 지정한다. 보통 첫 행에 변수 이름이 있으므로 [첫 행]을 선택하면 된다.

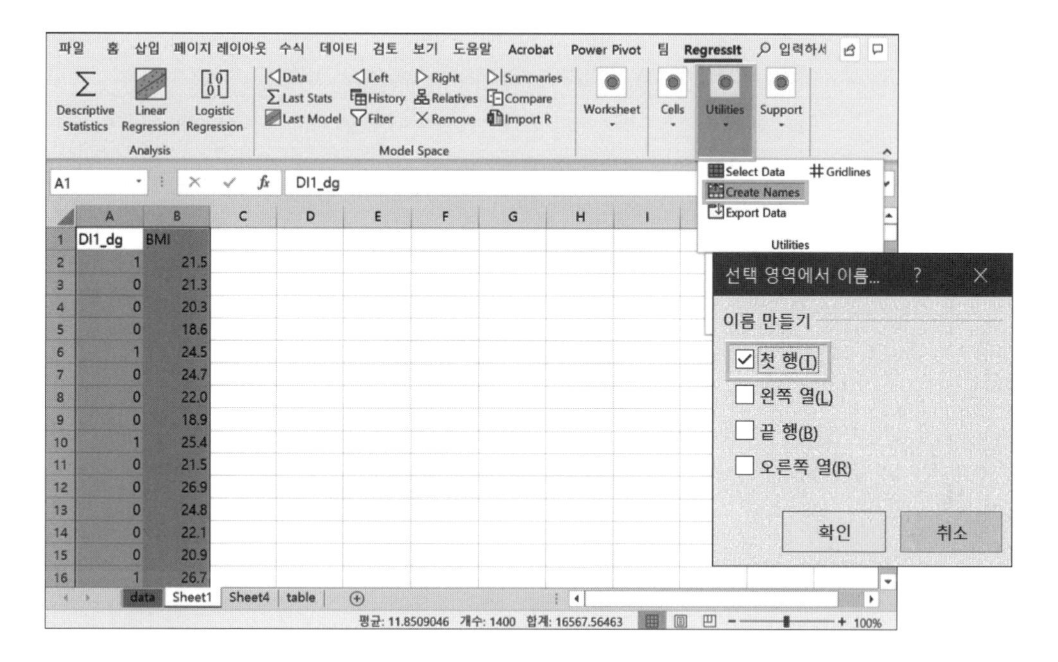

⑥ [RegressIt] → [Logistic Regression]을 누르면 [Select Variables for Logistic Regression] 창이 나타난다. 이 창에서 종속변수(dependent variable)와 독립변수(independent variable), 필요한 옵션들을 선택한다.

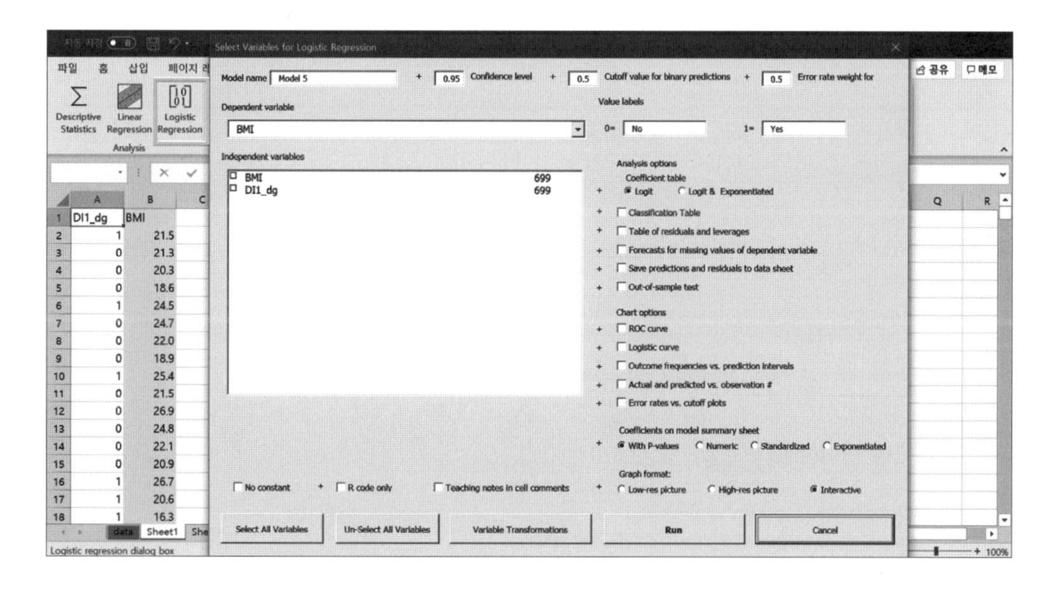

⑦ 종속변수에 고혈압 의사진단 여부(DI1_dg), 독립변수에 비만도(BMI)를 선택하고, [Analysis options]에서 [Coefficient table] → [Logit & Exponentiated]을 선택하고 [Run]을 누른다.

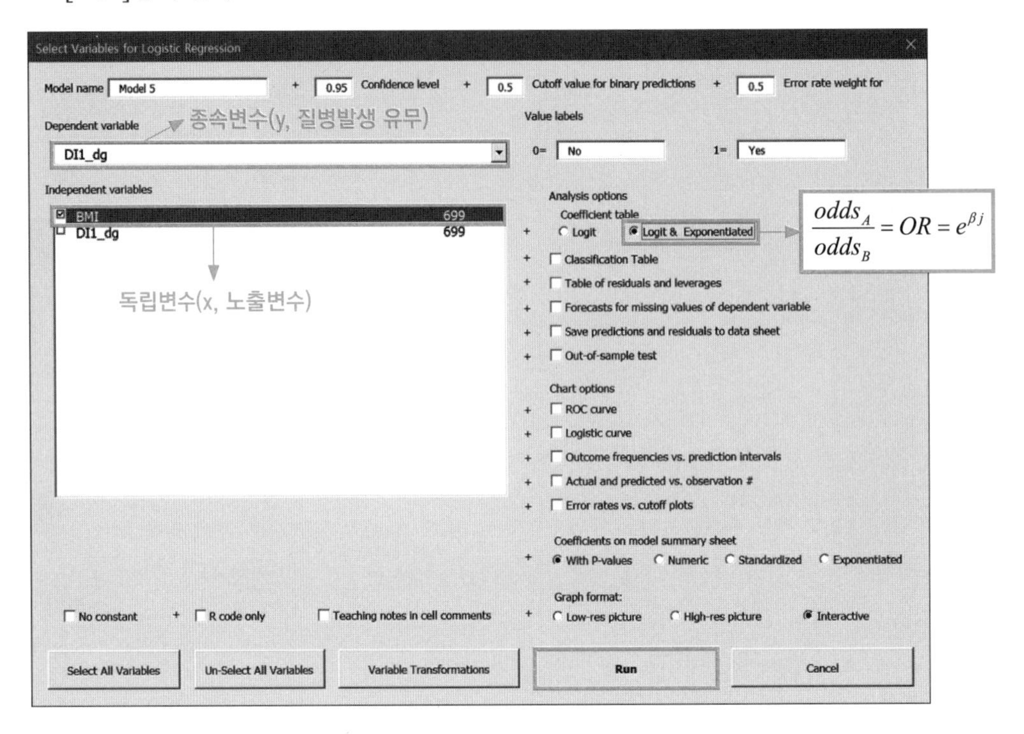

⑧ 새로운 워크시트에 다음과 같은 결과가 출력된다. 오즈비(odds ratio)와 95% 신뢰구간을 확인한다.

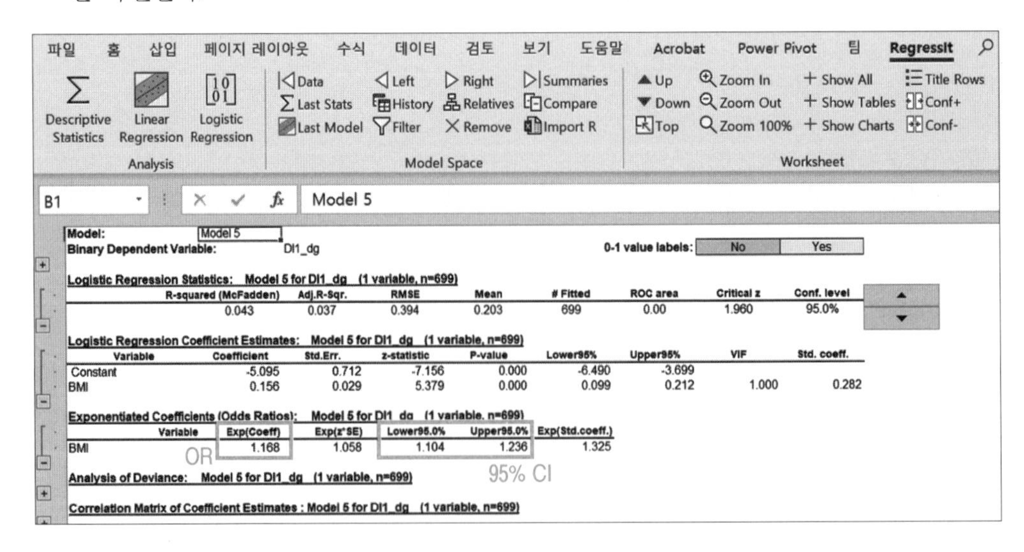

⑨ 표를 채우고 해석한다.

Table. Odds ratio and 95% CI for hypertension according to body mass index

	Hypertension					
	Crude model			Adjusted model		
	cOR	95% CI		aOR	95% CI	
Body mass index (kg/m2)	1.17	1.10	1.24			

cOR and 95% CI estimated using logistic regression model

→ BMI가 1단위(㎏/㎡) 증가할 때 고혈압 유병 위험도가 1.17배(95% CI: 1.10, 1.24) 증가하였다. 이때 95% 신뢰구간이 (1.10, 1.24)로 1을 포함하지 않았기 때문에 이 결과가 통계적으로 유의하다고 할 수 있다.

2) 다중 선형 모형

주요 노출변수가 연속형인 경우 다중 선형 모형은 어떻게 수행하는지 **〈같이 해보기 5-11〉**을 함께 해보며 익혀보자.

같이 해보기 5-11 비만도는 고혈압 유병률에 영향을 미치는가? (성별과 생애주기별 연령군을 보정했을 때)

① 두 변수 비만도(BMI)와 고혈압 유병률(DI1_dg)의 시간적 선후관계가 명확하고, 비만도는 연속형 변수이므로 독립변수(주요 노출변수)가 연속형인 로지스틱 회귀분석을 실시한다. 보정변수인 성별(sex)과 생애주기별 연령군(age_gr3)을 포함하여 총 3개의 변수가 독립변수가 된다.

- 귀무가설: 비만도는 고혈압 유병률에 영향을 미치지 않는다.
- 대립가설: 비만도는 고혈압 유병률에 영향을 미친다.

② 분석 전 결과를 작성할 표 틀을 미리 만든다. **〈같이 해보기 5-10: 비만도(BMI)는 고혈압 유병률(DI1_dg)에 영향을 미치는가?〉**에서 사용했던 표 틀을 가져와 아래와 같이 분석 방법을 새로 추가한다.

Table. Odds ratio and 95% CI for hypertension according to body mass index

	Hypertension					
	Crude model			Adjusted model		
	cOR	95% CI		aOR	95% CI	
Body mass index (kg/m2)	1.17	1.1	1.24			

cOR and 95% CI estimated using logistic regression model

aOR and 95% CI estimated using logistic regression model adjusted for age and sex

③ 필요한 변수만 골라서 새 시트에 복사하여 붙여넣은 뒤, 보정변수인 성별과 생애주기별 연령군에 대한 더미변수를 만든다. [RegressIt]에 들어가서 데이터를 선택하고 변수 이름을 만든다.

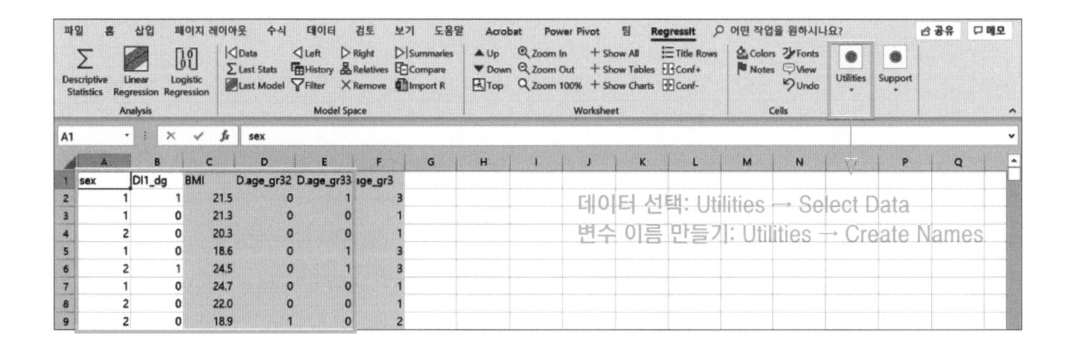

④ [Logistic Regression]을 눌러 해당 창이 뜨면, 종속변수에 고혈압 의사진단 여부(DI1_dg)를, 독립변수에 비만도(BMI)와 나머지 보정변수들을 선택한다(D.age_gr32, D.age_gr33, sex). [Analysis options]에서는 [Coefficient table] → [Logit & Exponentiated]을 선택하고 [Run]을 누른다.

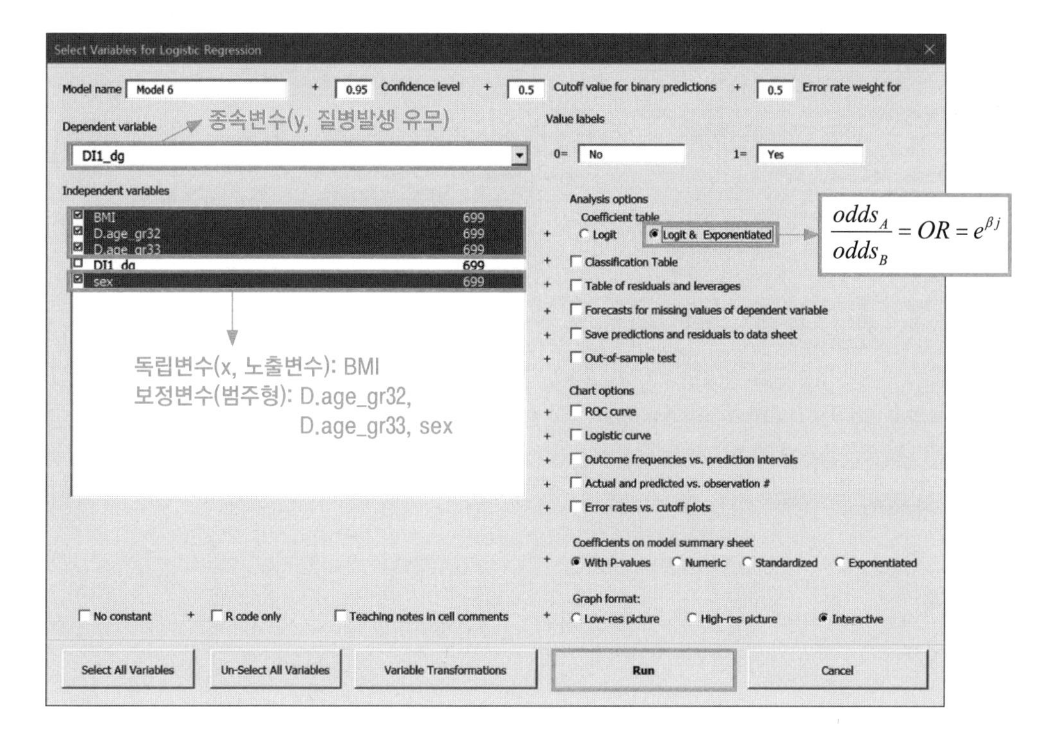

⑤ 새로운 워크시트에 출력된 결과에서 오즈비(OR)와 95% 신뢰구간을 확인한다.

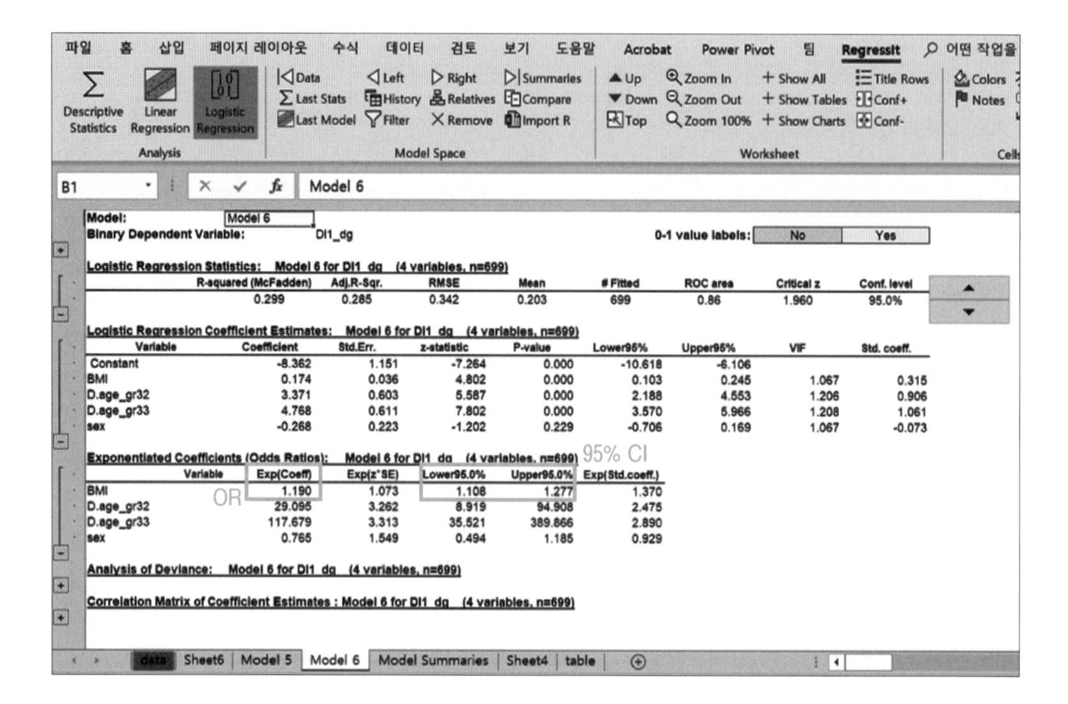

⑥ 표를 채우고 해석한다.

Table. Odds ratio and 95% CI for hypertension according to body mass index

	Hypertension					
	Crude model			Adjusted model		
	cOR	95% CI		aOR	95% CI	
Body mass index (kg/m2)	1.17	1.1	1.24	1.19	1.11	1.28

cOR and 95% CI estimated using logistic regression model

aOR and 95% CI estimated using logistic regression model adjusted for age and sex

→ 성별과 연령을 보정했을 때, BMI가 1단위(㎏/㎡) 증가할 때 고혈압 유병 위험도가 1.19배(95% CI: 1.11, 1.28) 통계적으로 유의하게 증가하였다. 이때 95% 신뢰구간이 1을 포함하지 않으므로 통계적으로 유의하다고 할 수 있다.

6-3 주요 노출변수가 범주형인 경우

1) 단순 선형 모형

주요 노출변수가 범주형인 경우 단순 선형 모형은 어떻게 수행하는지 **〈같이 해보기 5-12〉**를 함께 해보며 익혀보자.

같이 해보기 5-12 비만도(BMI_gr)는 고혈압 유병률에 영향을 미치는가?

① 두 변수 비만도(BMI_gr)와 고혈압 유병률(DI1_dg)과의 시간적 선후관계가 명확하고, 비만도는 범주형 변수이므로 독립변수(주요 노출변수)가 범주형인 로지스틱 회귀분석을 실시한다.

- 귀무가설: 비만도는 고혈압 유병률에 영향을 미치지 않는다.
- 대립가설: 비만도는 고혈압 유병률에 영향을 미친다.

② 분석 전 결과를 작성할 표 틀을 미리 만들고, 피벗 테이블을 이용하여 비만군별 고혈압 의사진단 여부를 구하여 표를 채운다.

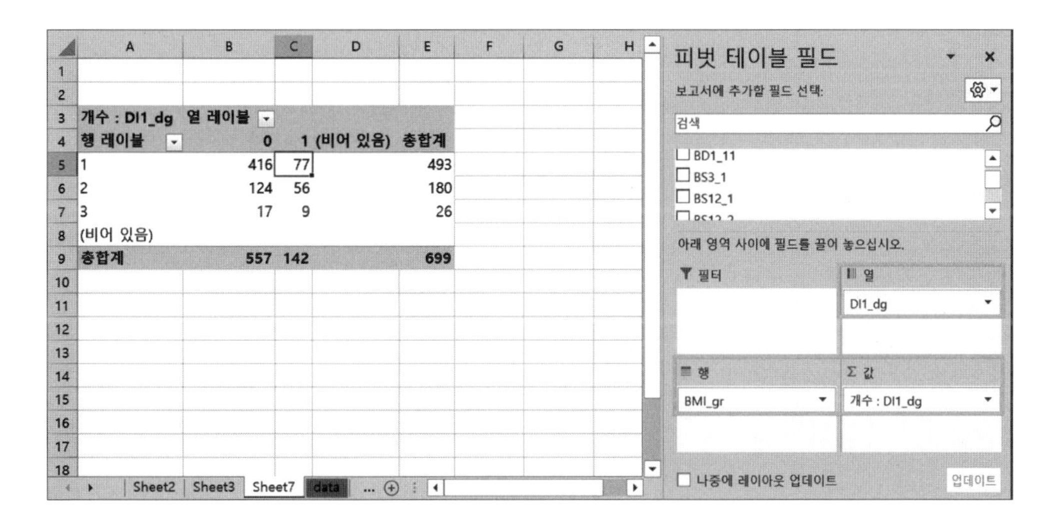

Table. Odds ratio and 95% CI for hypertension according to body mass index

			Hypertension			
			Crude model		Adjusted model	
	N	Case	cOR	95% CI	aOR	95% CI
Body mass index (kg/m2)						
Normal (<25)	493	77	1	ref	1	ref
Overweight (25-<30)	180	56				
Obese (≥30)	26	9				

cOR and 95% CI estimated using logistic regression model

※ 한 파일 내에서 RegressItLogistic을 사용하여 로지스틱 회귀분석을 여러 번 하는 경우 변수 범위가 충돌하여 오류가 날 수 있다. 따라서 새로운 엑셀 파일을 만들어서 실행하는 것을 추천한다.

③ 필요한 변수만 골라서 새 시트에 복사하여 붙여넣은 뒤, 비만도(BMI_gr)에 대한 더미 변수인 D.BMI_gr2, D.BMI_gr3를 생성한다. 그런 다음 [RegressIt]에 들어가 데이터를 선택하고, 변수 이름을 만든다.

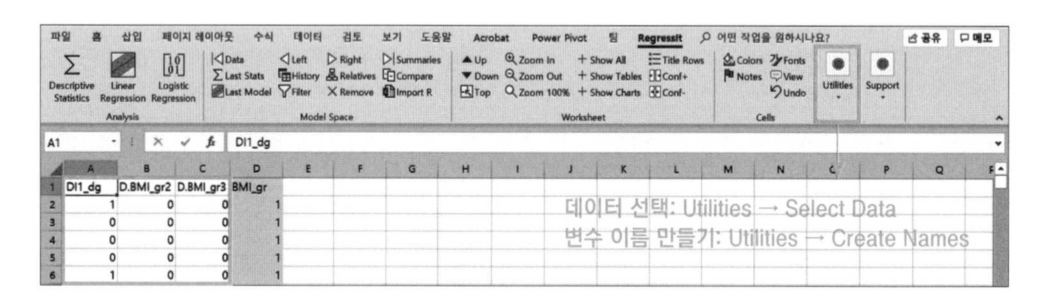

④ [Logistic Regression]을 눌러 해당 창이 뜨면, 종속변수에 고혈압 의사진단 여부(DI1_dg)를, 독립변수에 비만도(BMI_gr)의 더미변수(D.BMI_gr2, D.BMI_gr3)를 선택한다. [Analysis options]에서는 [Coefficient table] → [Logit & Exponentiated]을 선택하고 [Run]을 누른다.

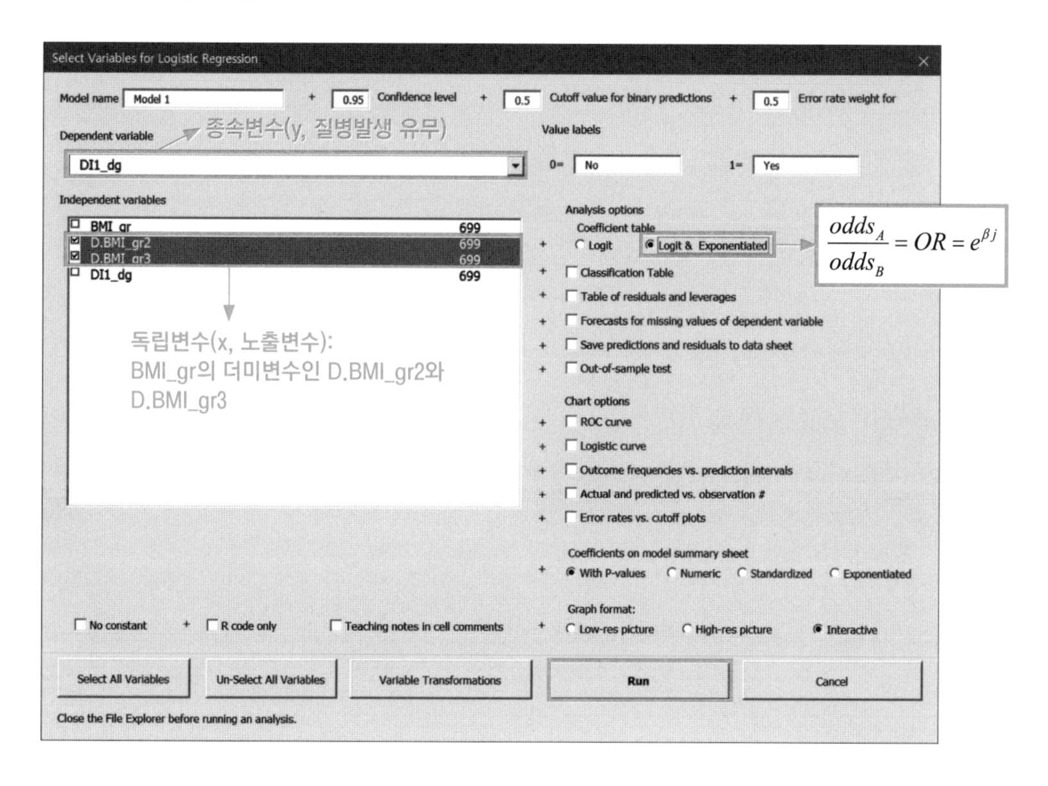

⑤ 새로운 워크시트에 출력된 결과에서 오즈비(OR)와 95% 신뢰구간을 확인한다.

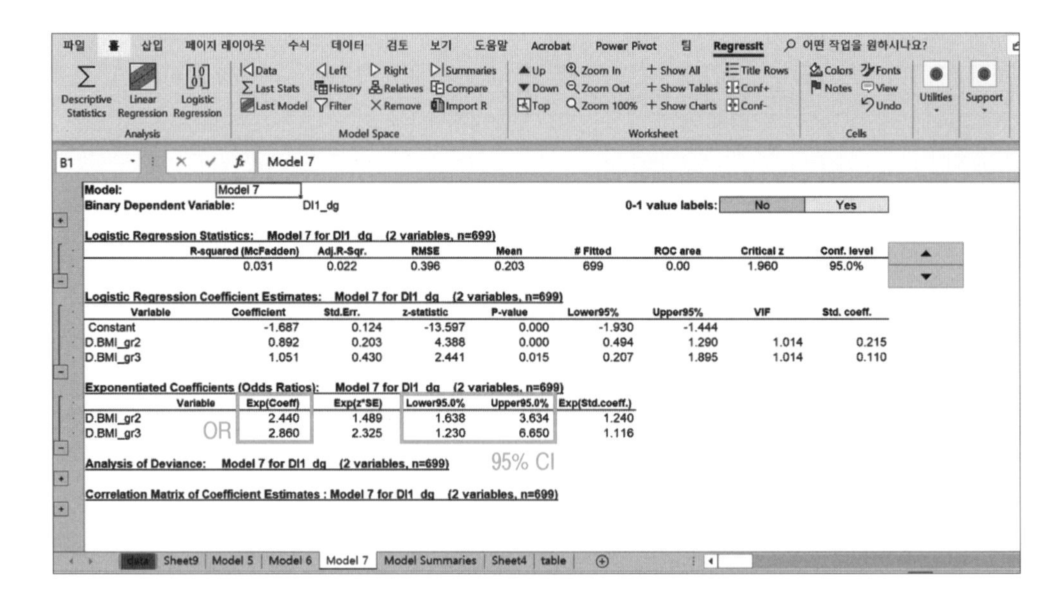

⑥ 표를 채우고 해석한다.

Table. Odds ratio and 95% CI for hypertension according to body mass index

			Hypertension					
			Crude model			Adjusted model		
	N	Case	cOR	95% CI		aOR	95% CI	
Body mass index (kg/m2)								
Normal (<25)	493	77	1	ref		1	ref	
Overweight (25-<30)	180	56	2.44	1.64	3.63			
Obese (≥30)	26	9	2.86	1.23	6.65			

cOR and 95% CI estimated using logistic regression model

→ 과체중군은 정상군에 비해 고혈압 유병 위험도가 2.44배(95% CI: 1.64, 3.63), 비만군은 정산군에 비해 2.86배(95% CI: 1.23, 6.65) 각각 통계적으로 유의하게 높았다. 이때 95% 신뢰구간이 1을 포함하지 않으므로 통계적으로 유의하다고 할 수 있다.

2) 다중 선형 모형

주요 노출변수가 범주형인 경우 다중 선형 모형은 어떻게 수행하는지 **〈같이 해보기 5-13〉**을 함께 해보며 익혀보자.

같이 해보기 5-13 비만도(BMI_gr)는 고혈압 유병률에 영향을 미치는가? (성별과 생애주기별 연령군을 보정했을 때)

① 두 변수 비만도(BMI_gr)와 고혈압 유병률(DI1_dg)과의 시간적 선후관계가 명확하고, 비만도는 범주형 변수이므로 독립변수(주요 노출변수)가 범주형인 로지스틱 회귀분석을 실시한다. 보정변수인 성별(sex)과 생애주기별 연령군(age_gr3)을 포함하여 총 3개의 변수가 독립변수가 된다.

- 귀무가설: 비만도는 고혈압 유병률에 영향을 미치지 않는다.
- 대립가설: 비만도는 고혈압 유병률에 영향을 미친다.

② 분석 전 결과를 작성할 표 틀을 미리 만든다. **〈같이 해보기 5-10: 비만도(BMI)는 고혈압 유병률(DI1_dg)에 영향을 미치는가?〉**에서 사용했던 표 틀을 가져와 아래와 같이 분석 방법을 새로 추가한다.

Table. Odds ratio and 95% CI for hypertension according to body mass index

			Hypertension					
			Crude model			Adjusted model		
	N	Case	cOR	95% CI		aOR	95% CI	
Body mass index (kg/m2)								
Normal (<25)	493	77	1	ref		1	ref	
Overweight (25-<30)	180	56	2.44	1.64	3.63			
Obese (≥30)	26	9	2.86	1.23	6.65			

cOR and 95% CI estimated using logistic regression model
aOR and 95% CI estimated using logistic regression model adjusted for age and sex

③ 필요한 변수만 골라서 새 시트에 복사하여 붙여넣은 뒤, 보정변수인 성별과 생애주기별 연령군에 대한 더미변수를 만든다. [RegressIt]에 들어가서 데이터를 선택하고, 변수 이름을 만든다.

④ [Logistic Regression]을 눌러 해당 창이 뜨면, 종속변수에 고혈압 의사진단 여부(DI1_dg)를, 독립변수에 비만도(BMI_gr)의 더미변수(D.BMI_gr2, D.BMI_gr3)와 나머지 보정변수들(D.age_gr32, D.age_gr33, sex)을 선택한다.

[Analysis options]에서는 [Coefficient table] → [Logit & Exponentiated]을 선택하고 [Run]을 누른다.

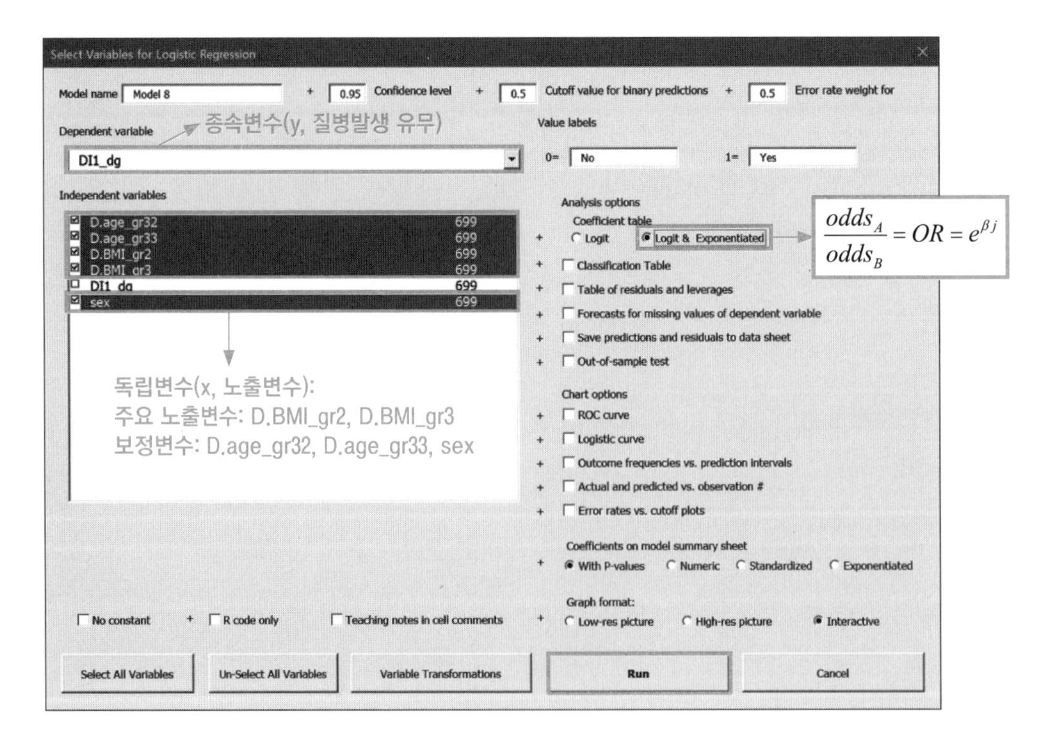

⑤ 새로운 워크시트에 출력된 결과에서 오즈비와 95% 신뢰구간을 확인한다.

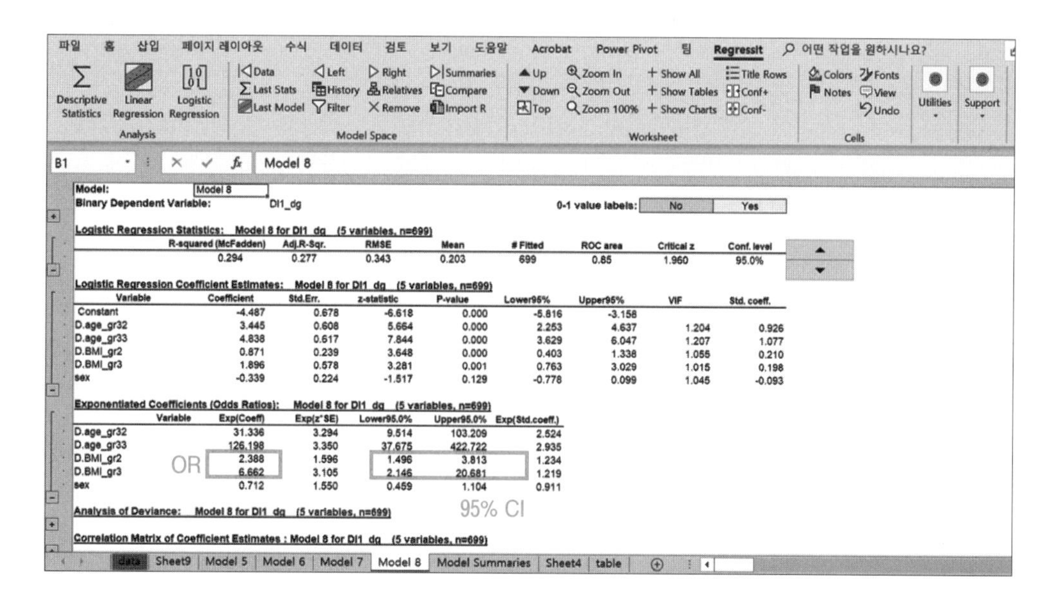

R-squared (McFadden)	Adj.R-Sqr.	RMSE	Mean	# Fitted	ROC area	Critical z	Conf. level
0.294	0.277	0.343	0.203	699	0.85	1.960	95.0%

Variable	Coefficient	Std.Err.	z-statistic	P-value	Lower95%	Upper95%	VIF	Std. coeff.
Constant	-4.487	0.678	-6.618	0.000	-5.816	-3.158		
D.age_gr32	3.445	0.608	5.664	0.000	2.253	4.637	1.204	0.926
D.age_gr33	4.838	0.617	7.844	0.000	3.629	6.047	1.207	1.077
D.BMI_gr2	0.871	0.239	3.648	0.000	0.403	1.338	1.055	0.210
D.BMI_gr3	1.896	0.578	3.281	0.001	0.763	3.029	1.015	0.198
sex	-0.339	0.224	-1.517	0.129	-0.778	0.099	1.045	-0.093

Variable	Exp(Coeff)	Exp(z*SE)	Lower95.0%	Upper95.0%	Exp(Std.coeff.)
D.age_gr32	31.336	3.294	9.514	103.209	2.524
D.age_gr33	126.198	3.350	37.675	422.722	2.935
D.BMI_gr2	2.388	1.596	1.496	3.813	1.234
D.BMI_gr3	6.662	3.105	2.146	20.681	1.219
sex	0.712	1.550	0.459	1.104	0.911

⑥ 표를 채우고 해석한다.

Table. Odds ratio and 95% CI for hypertension according to body mass index

			Hypertension					
			Crude model			Adjusted model		
	N	Case	cOR	95% CI		aOR	95% CI	
Body mass index (kg/m2)								
Normal (<25)	493	77	1	ref		1	ref	
Overweight (25-<30)	180	56	2.44	1.64	3.63	2.39	1.50	3.81
Obese (≥30)	26	9	2.86	1.23	6.65	6.66	2.15	20.68

cOR and 95% CI estimated using logistic regression model
aOR and 95% CI estimated using logistic regression model adjusted for age and sex

→ 성별과 연령을 보정했을 때, 과체중군은 정상군에 비해 고혈압 유병 위험도가 2.39배(95% CI: 1.50, 3.81), 비만군은 정상군에 비해 6.66배(95% CI: 2.15, 20.68) 각각 통계적으로 유의하게 높았다. 이때 95% 신뢰구간이 1을 포함하지 않으므로 통계적으로 유의하다고 할 수 있다.

정답은 부록에

Q12 3차 수축기 혈압(HE_sbp3)은 당뇨병 유병률(DE1_dg)에 어떤 영향을 미치는가? 성별(sex), 생애주기별 연령군(age_gr3)으로 보정한다.

방법 및 순서

① 가설 설정
② 분석전략 설정
③ 표 틀 만들기
④ 회귀계수와 p-value 구하기
⑤ 결과 해석

Q13 3차 수축기 혈압 수준(sbp3_gr)은 당뇨병 유병률(DE1_dg)에 어떤 영향을 미치는가? 성별(sex), 생애주기별 연령군(age_gr3)으로 보정한다.

방법 및 순서

① 가설 설정
② 분석전략 설정
③ 표 틀 만들기
④ 회귀계수와 p-value 구하기
⑤ 결과 해석

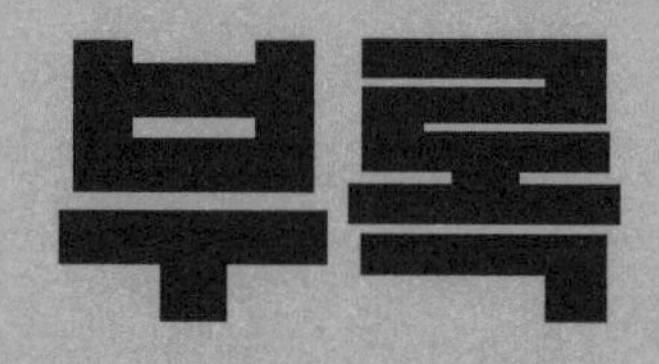

부록

스스로 해보기 정답

Chapter 03 변수 다루기

Q1 1, 2, 3차 수축기 혈압 수준과 이완기 혈압 수준을 만들어보자. 총 6개의 변수가 생성된다.

기존의 연속형 변수를 이용하여 새로운 범주형 변수를 만드는 문제다.

참고: 〈같이 해보기 3-3: 체질량지수(BMI)를 비만도(BMI_gr)로 나누기〉

① 각 변수의 첫 번째 줄에만 새로 생성할 변수의 조건에 맞는 수식을 입력한다.

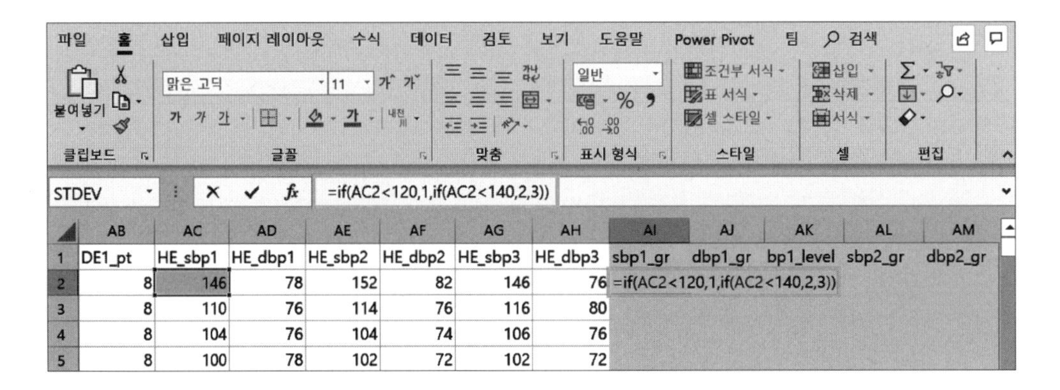

1차 수축기 혈압 수준(sbp1_gr)	= if(HE_sbp1<120,1,if(HE_sbp1<140,2,3))
2차 수축기 혈압 수준(sbp2_gr)	= if(HE_sbp2<120,1,if(HE_sbp2<140,2,3))
3차 수축기 혈압 수준(sbp3_gr)	= if(HE_sbp3<120,1,if(HE_sbp3<140,2,3))
1차 이완기 혈압 수준(dbp1_gr)	= if(HE_dbp1<80,1,if(HE_dbp1<90,2,3))
2차 이완기 혈압 수준 (dbp2_gr)	= if(HE_dbp2<80,1,if(HE_dbp2<90,2,3))
3차 이완기 혈압 수준 (dbp3_gr)	= if(HE_dbp3<80,1,if(HE_dbp3<90,2,3))

② 함수를 입력한 셀을 동시에 복사하여 아래로 붙여넣는데 방법은 2가지가 있다. 첫 번째는 수식을 입력한 셀들을 동시에 누른 후 오른쪽 아래 십자모양을 아래로 드래그(또는 더블클릭)하는 것이다. 두 번째는 수식을 입력한 셀들을 복사하여 바로 아래 셀에 커서를 가져가서 [ctrl + shift + End]를 차례로 누른 후 [Enter]키를 누르거나 붙여넣기를 사용하는 것이다.

AO2 | =IF(AG2<120,1,IF(AG2<140,2,3))

	AC	AD	AE	AF	AG	AH	AI	AJ	AK	AL	AM	AN	AO	AP	AQ	AR
685	114	78	114	76	120	78	1	1		1	1		2	1		168.8
686	110	70	118	74	116	74	1	1		1	1		1	1		157
687	96	68	96	68	98	68	1	1		1	1		1	1		158.4
688	120	86	128	92	126	90	2	2		2	3		2	3		174.5
689	112	74	104	76	100	72	1	1		1	1		1	1		154.2
690	114	76	116	74	114	74	1	1		1	1		1	1		162.5
691	134	90	134	86	130	86	2	3		2	2		2	2		169.9
692	160	94	156	92	160	94	3	3		3	3		3	3		161
693	136	62	120	62	124	64	2	1		2	1		2	1		167.5
694	108	70	110	68	106	62	1	1		1	1		1	1		153.1
695	138	100	138	102	136	100	2	3		2	3		2	3		177.2
696	108	76	110	74	104	76	1	1		1	1		1	1		168.6
697	138	74	142	72	130	70	2	1		3	1		2	1		182
698	110	70	110	68	104	64	1	1		1	1		1	1		161.6
699	120	94	120	90	120	92	2	3		2	3		2	3		165.1
700	102	70	102	74	104	74	1	1		1	1		1	1		151.2

Q2 Q1에서 만든 1, 2, 3차 수축기 혈압 수준과 이완기 혈압 수준을 이용하여 1, 2, 3차 개인의 혈압 수준을 만들어보자. 총 3개의 변수가 생성된다.

기존의 범주형 변수를 이용하여 새로운 범주형 변수를 만드는 문제다.

참고: 〈같이 해보기 3-4: 교육수준(edu)을 대졸 여부(univ)로 나누기〉

① 각 변수의 첫 번째 줄에만 새로 생성할 변수의 조건에 맞는 수식을 입력한다.

1차 개인의 혈압 수준 (bp1_level)	= if(or(sbp1_gr=3,dbp1_gr=3),3,if(or(sbp1_gr=2,dbp1_gr=2),2,1))
2차 개인의 혈압 수준 (bp2_level)	= if(or(sbp2_gr=3,dbp2_gr=3),3,if(or(sbp2_gr=2,dbp2_gr=2),2,1))
3차 개인의 혈압 수준 (bp3_level)	= if(or(sbp3_gr=3,dbp3_gr=3),3,if(or(sbp3_gr=2,dbp3_gr=2),2,1))

② 함수를 입력한 셀을 동시에 복사하여 아래로 붙여넣는데 방법은 2가지가 있다. 첫 번째는 수식을 입력한 셀들을 동시에 누른 후 오른쪽 아래 십자모양을 아래로 드래그(또는 더블클릭)하는 것이다. 두 번째는 수식을 입력한 셀들을 복사하여 바로 아래 셀에 커서를 가져가서 [ctrl + shift + End]를 차례로 누른 후 [Enter]키를 누르거나 붙여넣기를 사용하는 것이다.

AI	AJ	AK	AL	AM	AN	AO	AP	AQ	AR
2	2	2	2	3	3	2	3	3	174.5
1	1	1	1	1	1	1	1	1	154.2
1	1	1	1	1	1	1	1	1	162.5
2	3	3	2	2	2	2	2	2	169.9
3	3	3	3	3	3	3	3	3	161
2	1	2	2	1	2	2	1	2	167.5
1	1	1	1	1	1	1	1	1	153.1
2	3	3	2	3	3	2	3	3	177.2
1	1	1	1	1	1	1	1	1	168.6
2	1	2	3	1	3	2	1	2	182
1	1	1	1	1	1	1	1	1	161.6
2	3	3	2	3	3	2	3	3	165.1
1	1	1	1	1	1	1	1	1	151.2

> **Q3** 피벗 테이블을 이용하여 당뇨병 치료(DE1_pt)에 따른 공복혈당(HE_glu)의 평균과 표준편차를 구해보자.

두 가지 변수로 피벗 테이블을 만드는 문제다.

참고: 〈같이 해보기 4-4: 성별(sex) 나이(age)의 평균과 표준편차〉

① 필요한 변수만을 골라서 복사한 후 새 워크시트에 붙여넣는다.

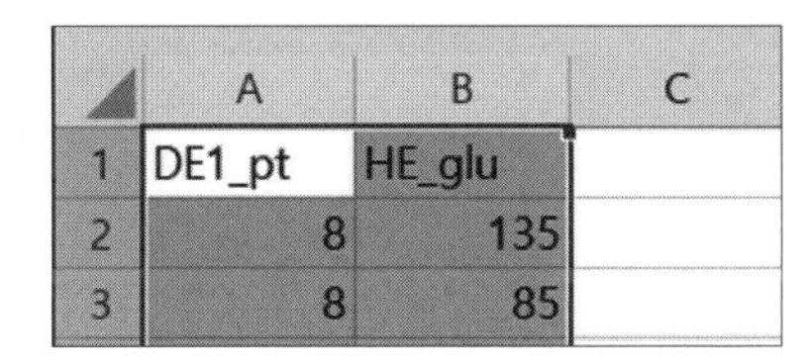

당뇨병 치료(DE1_pt)
0: 없음
1: 있음
8: 비해당(의사진단 받지 않음)

② [삽입] → [피벗 테이블]을 선택한 후 행 영역에 당뇨병 치료(DE1_pt)를 끌어다 놓고, 값에는 공복혈당(HE_glu)을 끌어다 놓는다. [값 필드 설정]에서 평균과 표준편차를 선택하면 다음과 같은 결과가 나온다.

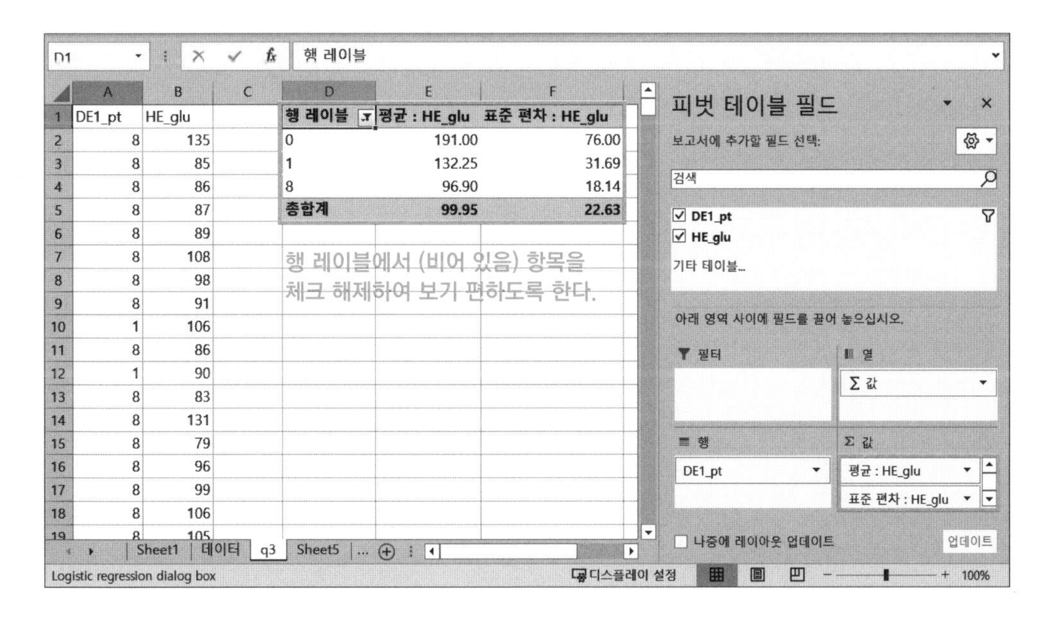

Q4 주관적 건강상태(D_1_1)에 따른 1차 수축기 혈압(HE_sbp1) 분포를 상자수염그림으로 나타내보자.

여러 집단의 중심과 산포를 한 공간에서 비교하는 문제다.

참고: 〈같이 해보기 4-7: 생애주기별 연령군 BMI 분포 상자수염그림 그리기〉

① 주관적 건강상태(D_1_1)와 1차 수축기 혈압(HE_sbp1) 변수만을 골라서 복사한 후 새 워크시트에 붙여넣는다. 필터 기능을 이용하여 주관적 건강상태를 기준으로 오름차순 정렬을 한 뒤, 각 그룹의 1차 수축기 혈압 값을 복사하여 옆에 새로운 변수 5개를 만든다. 그런 다음 차트 삽입을 눌러 상자수염그림을 추가한다.

D1 fx 매우 좋음

	A	B	C	D	E	F	G	H	I	J
1	D_1_1	HE_sbp1		매우 좋음	좋음	보통	나쁨	매우 나쁨		
2	1	116		116	146	100	124	170		
3	1	126		126	110	118	112	148		
4	1	124		124	104	98	142	138		
5	1	94		94	106	98	94	116		
6	1	132		132	130	124	130	148		
7	1	128		128	94	98	124	130		
8	1	122		122	134	118	108	172		
9	1	106		106	148	126	148	114		
10	1	124		124	104	102	114	126		
11	1	132		132	116	126	112	80		
12	1	130		130	116	124	110	134		

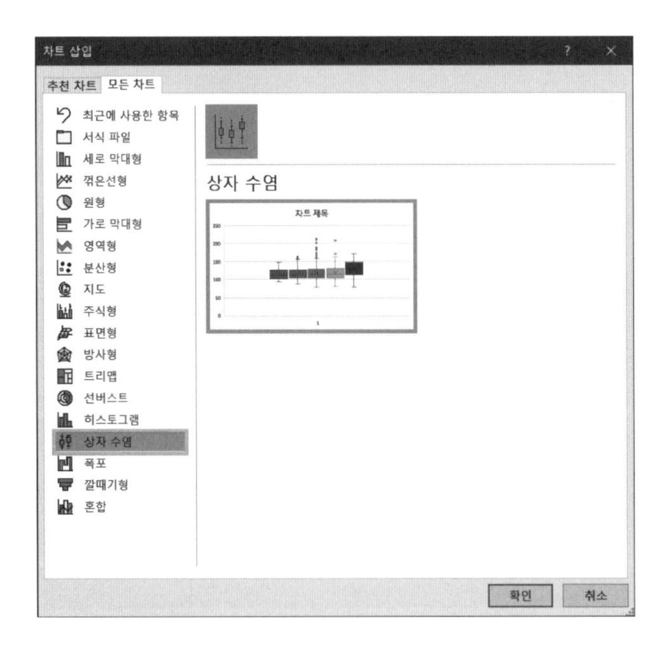

② 차트 제목, 축 제목, 범례 등을 설정한다.

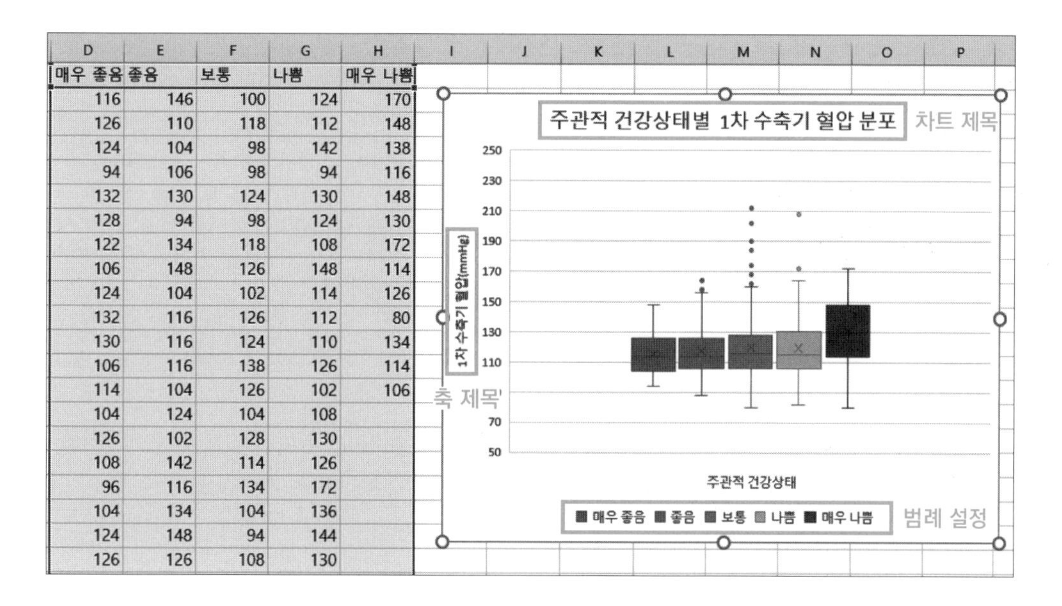

매우 좋음	좋음	보통	나쁨	매우 나쁨
116	146	100	124	170
126	110	118	112	148
124	104	98	142	138
94	106	98	94	116
132	130	124	130	148
128	94	98	124	130
122	134	118	108	172
106	148	126	148	114
124	104	102	114	126
132	116	126	112	80
130	116	124	110	134
106	116	138	126	114
114	104	126	102	106
104	124	104	108	
126	102	128	130	
108	142	114	126	
96	116	134	172	
104	134	104	136	
124	148	94	144	
126	126	108	130	

③ 상자수염그림이 완성된다.

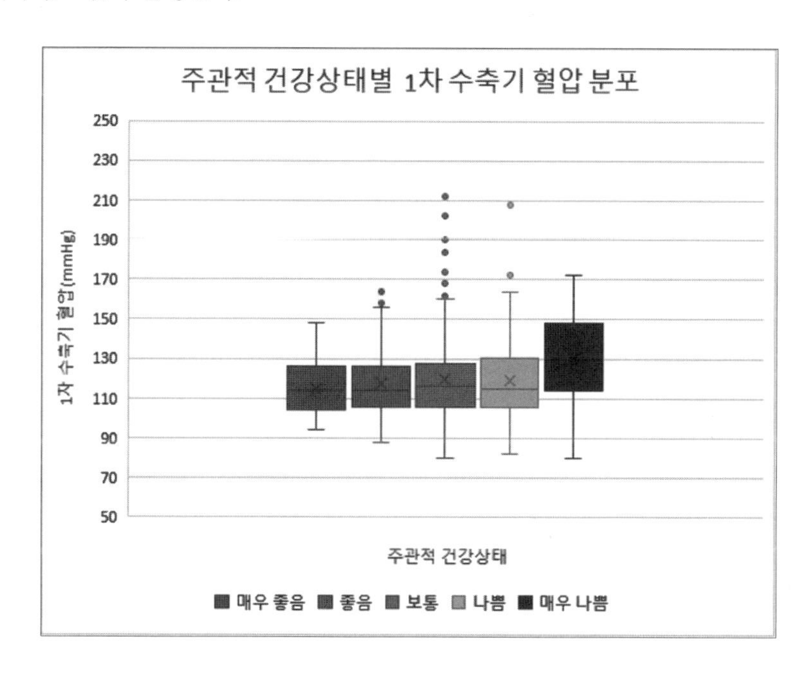

Q5 성별(sex) 허리둘레(HE_wc)의 평균에는 차이가 있을까?

성별은 독립적이므로, 독립된 두 집단의 평균 비교인 t-test를 실시하는 문제다.

참고: 〈같이 해보기 5-1: 성별(sex) 연령(age) 평균에는 차이가 있을까?〉

① 가설 설정

- 귀무가설: 성별 허리둘레 평균에는 차이가 없다.
- 대립가설: 성별 허리둘레 평균에는 차이가 있다.

② 분석전략 설정

성별은 남성=1, 여성=2의 값을 가지는 변수이므로 독립적인 두 집단이라고 할 수 있다. 두 집단의 분산이 같은지 먼저 알아보고, 결과에 따라 등분산 또는 이분산 t-test를 실시해야 한다.

③ 표 만들기

표 틀을 만들고 기본 정보를 채워 넣는다. 아래의 피벗테이블 결과에서 성별 허리둘레의 평균과 표준편차를 복사해서 결과표에 각각 붙여넣는다. 총합계 부분은 전체의 평균 및 표준편차를 의미하므로 이를 복사해서 붙여넣도록 한다.

참고: 〈같이 해보기 4-4: 성별(sex) 나이(age)의 평균과 표준편차〉

행 레이블	평균 : HE_wc
1	85.8
2	76.4
(비어 있음)	
총합계	80.45407725

행 레이블	표준 편차 : HE_wc
1.0	8.2
2.0	9.5
(비어 있음)	
총합계	10.0838513

Table. Distribution of waist circumference according to gender				
	N	%	Waist Circumference (cm)	
			Mean	SD
All	699	100	80.5	10.1
Gender				
Male	302	43.2	85.8	8.2
Female	397	56.8	76.4	9.5
p-value				

p-value estimated using t-test

④ 귀무가설 기각 여부 확인

ⓐ 분산 동질성 검정을 먼저 실시한다.

- 귀무가설: 성별 허리둘레 분산에는 차이가 없다.
- 대립가설: 성별 허리둘레 분산에는 차이가 있다.

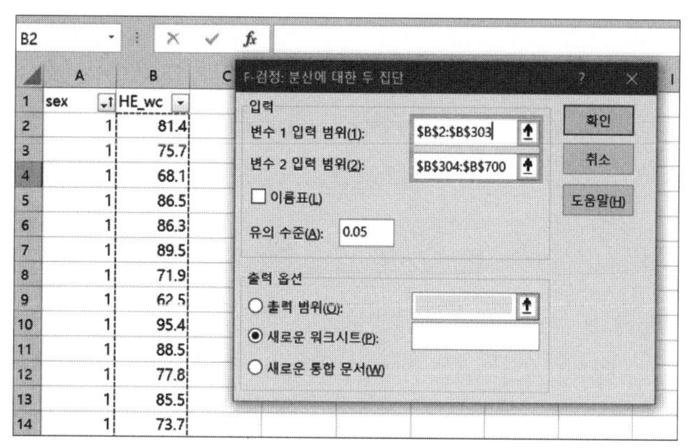

F-검정: 분산에 대한 두 집단		
	변수 1	변수 2
평균	85.77947	76.40302
분산	67.63878	89.99504
관측수	302	397
자유도	301	396
F 비	0.751583	
P(F<=f) 단측 검정	0.004493	
F 기각치: 단측 검정	0.835784	

[필터] 기능을 이용하여 성별을 오름차순으로 정렬하고, [F-검정: 분산에 대한 두 집단]에서 '변수 1 입력 범위'에는 남성의 허리둘레를, '변수 2 입력 범위'에는 여성의 허리둘레를 선택하고 [확인]을 누른다. p-value가 유의수준 0.05보다 작으므로 귀무가설을 기각할 수 있다. 따라서 성별 허리둘레 분산에는 차이가 있으므로 이분산 t-test를 사용해야 한다.

ⓑ 이제 [데이터 분석] 메뉴에서 [t-검정: 이분산 가정 두 집단]을 클릭하고 변수 입력 범위에 알맞은 범위를 입력한다. '변수 1 입력 범위'에는 남성의 허리둘레를, '변수 2 입력 범위'에는 여성의 허리둘레를 선택하고 [확인]을 누른다. p-value가 아주 작으므로 귀무가설을 기각한다.

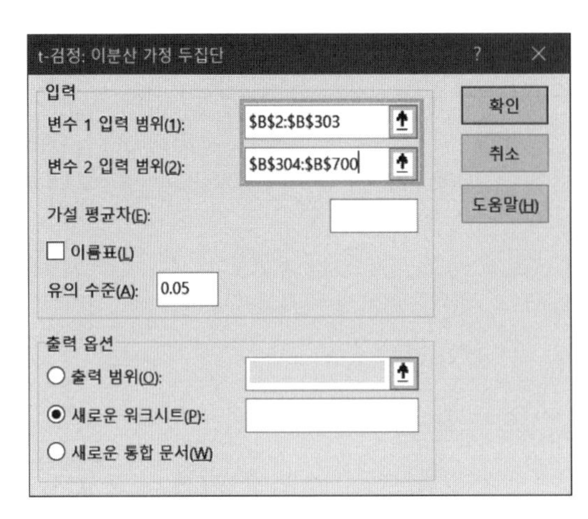

t-검정: 이분산 가정 두 집단		
	변수 1	변수 2
평균	85.77947	76.40302
분산	67.63878	89.99504
관측수	302	397
가설 평균차	0	
자유도	685	
t 통계량	13.96739	
P(T<=t) 단측 검정	1.7E-39	
t 기각치 단측 검정	1.647081	
P(T<=t) 양측 검정	3.41E-39	
t 기각치 양측 검정	1.963433	

⑤ 결과 해석

Table. Distribution of waist circumference according to gender

	N	%	Waist Circumference (cm)	
			Mean	SD
All	699	100	80.5	10.1
Gender				
Male	302	43.2	85.8	8.2
Female	397	56.8	76.4	9.5
p-value			<0.0001	

p-value estimated using t-test

➜ p-value가 〈0.0001로 유의수준 0.05보다 작아 귀무가설을 기각할 수 있다. 따라서 성별 허리둘레 평균에는 차이가 있다고 할 수 있다. 남성의 허리둘레 평균은 85.8cm, 여성의 허리둘레 평균은 76.4cm로 여성이 남성보다 허리둘레가 얇다고 할 수 있다(p 〈 0.0001).

Q6 1차와 2차 측정 시간에 따른 이완기 혈압 평균에는 어떤 차이가 있을까? (HE_dbp1, HE_dbp2)

같은 대상자를 반복적으로 측정한 데이터이므로 짝지은 두 집단의 비교인 paired t-test를 실시하는 문제다.

참고: 〈같이 해보기 5-2: 1차와 2차 측정 시간에 따른 수축기 혈압 평균에는 차이가 있을까?〉

① 가설 설정

- 귀무가설: 1차와 2차 측정 시간에 따른 이완기 혈압 평균에는 차이가 없다.
- 대립가설: 1차와 2차 측정 시간에 따른 이완기 혈압 평균에는 차이가 있다.

② 분석전략 설정

측정 시간에 따른 이완기 혈압은 같은 대상자를 반복적으로 측정한 데이터이므로 짝지은 두 집단의 비교인 paired t-test를 실시해야 한다.

③ 표 만들기

표 틀을 만들고, 1차 이완기 혈압과 2차 이완기 혈압 간의 차이에 대한 변수 'Di'를 새로 만들어 'Di'에 대한 평균과 표준편차를 구해 표에 미리 채워 넣는다.

Table. Difference between diastolic blood pressure during first and second measurment

	Diastolic Blood Pressure (mmHg), (n=699)		
	Mean	SD	p-value
Measurement time			
First			
Second			
Difference (First-Second)	0.5	3.4	

p-value estimated using paired t-test

④ 귀무가설 기각 여부 확인

ⓐ [데이터 분석] 메뉴에서 [t-검정: 쌍체비교]를 클릭하고 변수 입력 범위에 알맞은 범위를 입력한다. '변수 1 입력 범위'에는 HE_dbp1 변수를, '변수 2 입력 범위'에는 HE_dbp2 변수를 선택한다. 입력 범위에 전체 열을 선택하는 경우, 이름표 칸에 체크를 해줘야 첫 번째 행이 이름표(변수명)로 처리가 되어 오류가 나지 않는다.

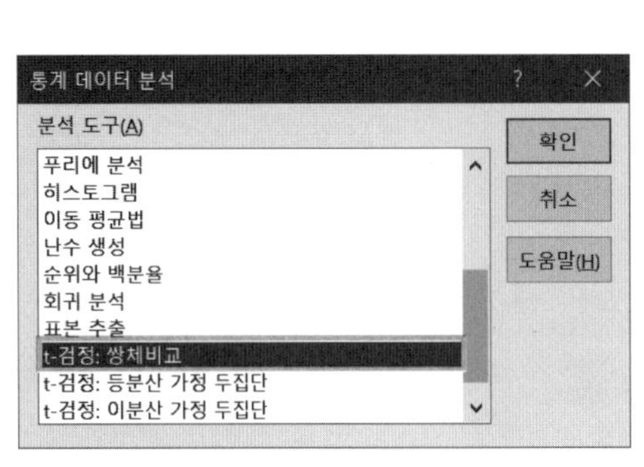

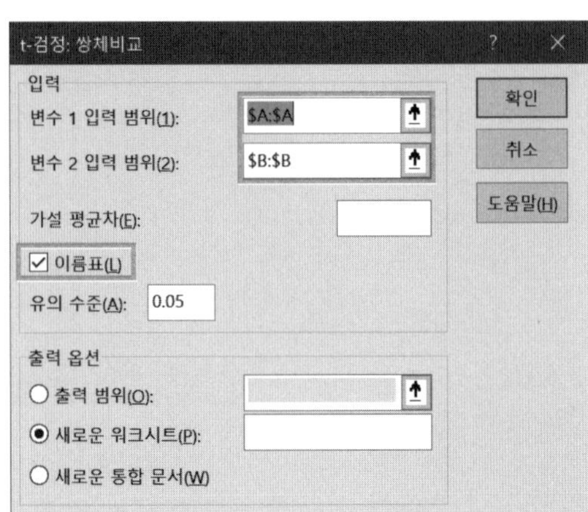

ⓑ 결과는 다음과 같다. p-value를 보면 0.000193으로 유의수준 0.05보다 작으므로 귀무가설을 기각할 수 있다. 표로 옮길 때는 이를 복사하여 표에 붙여넣는데, 마우스 오른쪽 버튼을 눌러 [셀서식]을 선택하거나 엑셀 윗부분의 메뉴에서 소숫점 자릿수를 줄여주면 자동으로 반올림이 되어 0.0002로 보이게 자릿수가 맞춰진다.

t-검정: 쌍체 비교		
	HE_dbp1	HE_dbp2
평균	76.4578	75.97425
분산	102.4377	95.15693
관측수	699	699
피어슨 상관 계수	0.941761	
가설 평균차	0	
자유도	698	
t 통계량	3.748114	
P(T<=t) 단측 검정	9.65E-05	
t 기각치 단측 검정	1.64704	
P(T<=t) 양측 검정	0.000193	
t 기각치 양측 검정	1.963368	

⑤ 결과 해석

Table. Difference between diastolic blood pressure during first and second measurment

	Diastolic Blood Pressure (mmHg), (n=699)		
	Mean	SD	p-value
Measurement time			
First	76.5	10.1	
Second	76.0	9.8	
Difference (First-Second)	0.5	3.4	0.0002

p-value estimated using paired t-test

➔ p-value가 0.0002로 유의수준 0.05보다 작아 귀무가설을 기각할 수 있다. 따라서 1차와 2차 측정 시간에 따른 이완기 혈압 평균에는 차이가 있다고 할 수 있다. 1차 이완기 혈압 평균은 76.5mmHg, 2차 이완기 혈압 평균은 76.0mmHg로, 2차 이완기 혈압 평균이 1차 이완기 혈압 평균보다 통계적으로 유의하게 낮다고 할 수 있다(p=0.0002).

Q7 가구의 소득 사분위수(ho_incm)에 따른 체질량지수(BMI)의 평균에는 차이가 있을까?

세 그룹 이상에서 평균을 비교하는 것이므로 분산분석을 실시해야 한다.

참고: 〈같이 해보기 5-3: 생애주기별 연령군의 몸무게 평균 비교〉

① 가설 설정

- 귀무가설: 가구의 소득 사분위수별 체질량지수의 평균은 모두 같다.
- 대립가설: 가구의 소득 사분위수별 체질량지수의 평균은 모두 같은 것은 아니다.

② 분석전략 설정

가구의 소득 사분위수(ho_incm)는 '하, 중하, 중상, 상' 총 4개의 범주로 이루어져 있다. 네 그룹의 비만도(BMI)의 평균을 비교하는 것이므로 분산분석(ANOVA)을 실시한다.

③ 표 만들기

표 틀을 만들고 피벗 테이블을 이용하여 평균과 표준편차 등을 채워 넣는다.

Table. Distribution of body mass index according to income quartile group

	N	%	Body Mass Index (kg/m2)	
			Mean	SD
All	699	100	23.5	3.3
Income quartile group				
low	86	12.3	24.5	4.1
midlow	146	20.9	24.0	3.1
midhigh	207	29.6	23.1	3.2
high	260	37.2	23.2	3.1
p-value				

p-value estimated using ANOVA

④ 귀무가설 기각 여부 확인

ⓐ 그룹을 나타내는 변수인 소득 사분위수 'ho_incm'와 평균을 비교할 변수인 비만도 'BMI'를 복사하여 새로운 시트에 붙여넣고, 필터 기능을 이용하여 소득 사분위수를 기준으로 오름차순 정렬을 한다. 다음으로, 각 그룹의 비만도 값을 복사하여 새로운 변수를 4개 만든다. [데이터 분석] 메뉴에서 [분산분석: 일원 배치법]을 클릭하고 변수 입력 범위에 low, midlow, midhigh, high 변수를 모두 선택한다. '첫째 행 이름표 사용'도 체크한다.

low	소득 사분위수가 하
midlow	소득 사분위수가 중하
midhigh	소득 사분위수가 중상
high	소득 사분위수가 상

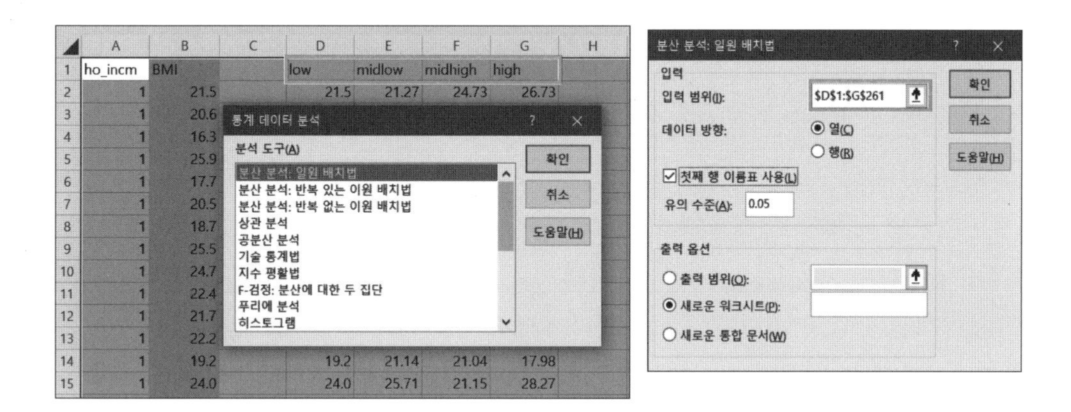

ⓑ 분산분석 결과는 다음과 같다. p-value를 보면 0.0005로 유의수준 0.05보다 작으므로 귀무가설을 기각할 수 있다.

	A	B	C	D	E	F	G
1	분산 분석: 일원 배치법						
2							
3	요약표						
4	인자의 수준	관측수	합	평균	분산		
5	low	86	2107.083	24.50096	16.68938		
6	midlow	146	3509.006	24.03429	9.77227		
7	midhigh	207	4771.962	23.05295	10.09285		
8	high	260	6037.514	23.22121	9.380436		
9							
10							
11	분산 분석						
12	변동의 요인	제곱합	자유도	제곱 평균	F 비	P-값	F 기각치
13	처리	189.4191	3	63.13971	5.975039	0.000505	2.617718
14	잔차	7344.237	695	10.56725			
15							
16	계	7533.656	698				

⑤ 결과 해석

Table. Distribution of body mass index according to income quartile group

	N	%	Body Mass Index (kg/m2)	
			Mean	SD
All	699	100	23.5	3.3
Income quartile group				
low	86	12.3	24.5	4.1
midlow	146	20.9	24.0	3.1
midhigh	207	29.6	23.1	3.2
high	260	37.2	23.2	3.1
p-value			0.0005	

p-value estimated using ANOVA

→ p-value가 0.0005로 유의수준 0.05보다 작아 귀무가설을 기각할 수 있다. 따라서 소득 사분위별 비만도의 평균에는 차이가 있다고 할 수 있다(p=0.0005).

Q8 성별(sex) 현재 흡연율(BS3_1)에는 차이가 있을까?

집단 간 율을 비교하는 것이므로 카이제곱 검정을 실시해야 한다.

참고: 〈같이 해보기 5-4: 성별 비만도 율 비교〉

① 가설 설정

- 귀무가설: 성별 현재 흡연율에는 차이가 없다.
- 대립가설: 성별 현재 흡연율에는 차이가 있다.

② 분석전략 설정

현재 흡연 여부(BS3_1)에는 매일 피움(1), 가끔 피움(2), 과거엔 피웠으나 현재 피우지 않음(3), 평생 피운 적 없음(4) 총 4개의 집단이 있다. 이때 '현재 흡연군'은 매일 피움과 가끔 피움 군을 합한 것이다. 따라서 이를 반영한 새로운 변수인 현재 흡연(cu_smoke)을 생성한 후 분석을 하는 것이 좋다. 세 집단 간의 율을 비교하는 것이므로 카이제곱 검정을 실시한다.

성별(sex)과 현재 흡연율(BS3_1)을 복사하여 새 시트에 붙여넣은 후, 현재 흡연(cu_smoke)이라는 새 변수를 생성한다.

구분	영역	유형	길이	변수 이름	변수 설명	입력 내용
신규	흡연	N	1	cu_smoke	현재 흡연 여부	• 현재 흡연(매일 피우거나 가끔 피움) • 과거엔 피웠으나, 현재 피우지 않음 • 비해당(평생 피운 적 없음)

③ 표 만들기

표 틀을 만들고 피벗 테이블을 이용하여 빈도와 퍼센트 등을 채운다.

Table. Distribution of Current Smoking Rate according to gender

	All		Gender			
			Male		Female	
	N	%	N	%	N	%
All	699	100	302		397	
Smoking status						
Current smo	108	15.5	90	29.8	18	4.5
Ex-smoker	173	24.7	141	46.7	32	8.1
Never	418	59.8	71	23.5	347	87.4
p-value						

p-value estimated using chi-square test

④ 귀무가설 기각 여부 확인

방법 1. 직접 입력하는 방법

ⓐ 피벗 테이블 아래에 가로로 성별, 세로로 현재 흡연 여부 셀을 만들고 각각에 대한 기대빈도를 직접 산출한다. 각 셀의 기대빈도는 두 사건이 독립이라는 가정하에서 동시에 일어날 확률과 전체 수를 곱하여 산출한다.

STDEV | =$H12*G$13/$H$13

	A	B	C	D	E	F	G	H	I	J
1	sex	BS3_1	cu_smoke		개수 : cu_smoke	열 레이블				
2	1	8	3		행 레이블	1	2	(비어 있음)	총합계	
3	1	1	1		1	90	18		108	
4	2	8	3		2	141	32		173	
5	1	3	2		3	71	347		418	
6	2	8	3		(비어 있음)					
7	1	1	1		총합계	302	397		699	
8	2	3	2							
9	2	3	2		관측 빈도	1	2	전체		
10	2	8	3		1	90	18	108		
11	2	1	1		2	141	32	173		
12	2	8	3		3	71	347	418		
13	2	8	3		전체	302	397	699		
14	1	1	1							
15	2	8	3		기대 빈도	1	2			
16	1	1	1		1	46.66094	61.33906			
17	1	1	1		2	74.74392	98.25608			
18	1	1	1		3	180.5951	$H$13			
19	1	8	3							

ⓑ CHISQ.TEST( ) 함수를 사용하여 p-value를 구한다.

관측 빈도	1	2	전체
1	90	18	108
2	141	32	173
3	71	347	418
전체	302	397	699

기대 빈도	1	2	
1	46.66094	61.33906	
2	74.74392	98.25608	
3	180.5951	237.4049	=CHISQ.TEST(F10:G12,F16:G18)
			CHISQ.TEST(actual_range, **expected_range**)

방법 2. 외부 사이트 이용 (OpenEpi)

ⓐ www.openepi.com으로 접속하여 [R by C Table] → [Enter New Data]를 차례로 누르고 팝업창의 COLUMNS(행)에는 2를, ROWS(열)에는 3을 입력하고 [확인]을 눌러 테이블을 만든다. 피벗 테이블을 보고 값을 똑같이 채운 후 결과를 확인한다. (단, 이 사이트에서는 행과 열이 바뀐 형태로 보이므로, 실제로는 '3행 2열'인 테이블을 같은 형태로 보기 위해 '2행 3열'로 입력한 것임을 명심한다.)

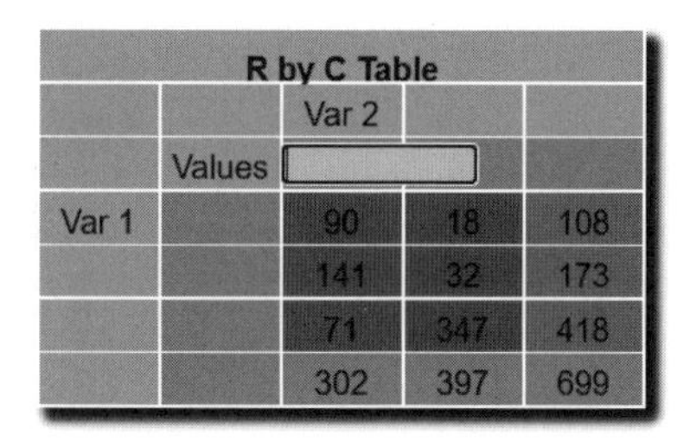

R by C Table

		Var 2		
	Values			
Var 1		90	18	108
		141	32	173
		71	347	418
		302	397	699

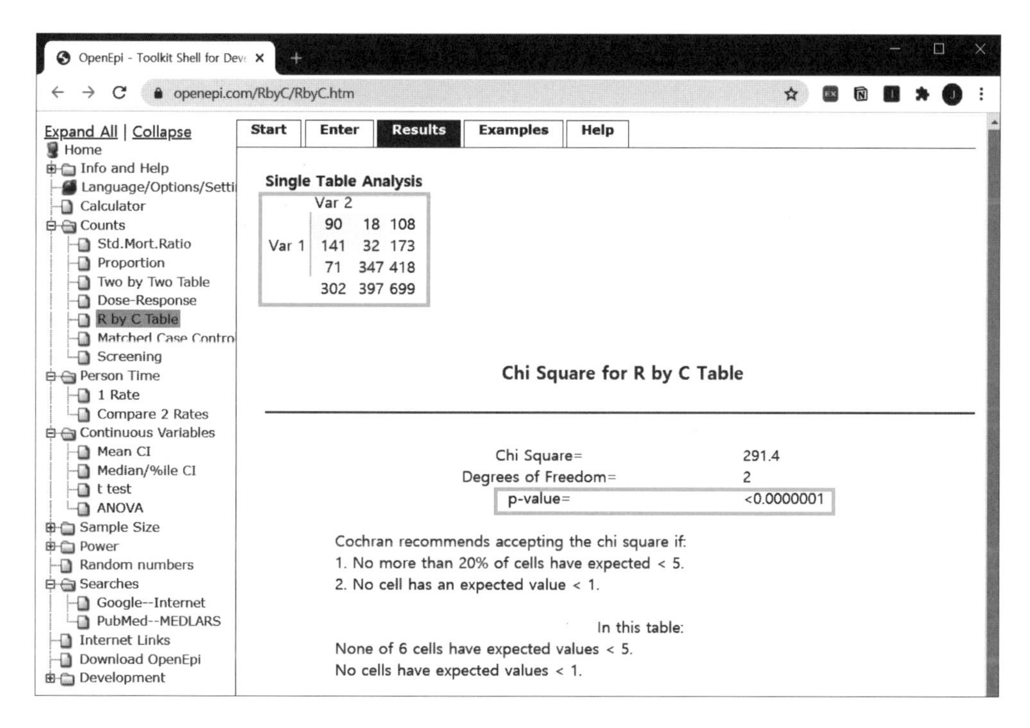

⑤ 결과 해석

Table. Distribution of Current Smoking Rate according to gender

	All		Gender			
			Male		Female	
	N	%	N	%	N	%
All	699	100	302		397	
Smoking status						
Current smoker	108	15.5	90	29.8	18	4.5
Ex-smoker	173	24.7	141	46.7	32	8.1
Never	418	59.8	71	23.5	347	87.4
p-value			<0.0001			

p-value estimated using chi-square test

→ p-value가 〈0.0001로 유의수준 0.05보다 작아 귀무가설을 기각할 수 있다. 따라서 성별 현재 흡연율의 차이가 있다고 할 수 있다. 현재 흡연을 하는 비율은 남성이 29.8%, 여성이 4.5%이므로, 남성이 여성보다 현재 흡연율이 통계적으로 유의하게 더 높다고 할 수 있다(p 〈 0.0001).

Q9 비만도(BMI)와 2차 이완기 혈압(HE_dbp2) 간에는 상관성이 있을까?

두 변수 간의 상관성을 알아보는 것이므로 상관분석을 실시해야 한다.

참고: 〈같이 해보기 5-5: 나이와 1차 수축기 혈압 간에는 상관성이 있을까?〉

① 가설 설정

- 귀무가설: 비만도와 2차 이완기 혈압 간에는 상관성이 없다.
- 대립가설: 비만도와 2차 이완기 혈압 간에는 상관성이 있다.

② 분석전략 설정

두 변수 비만도(BMI)와 2차 이완기 혈압(HE_dbp2) 간의 상관성을 알아보는 것이므로 상관분석을 실시한다.

③ 산점도 그리기

필요한 변수를 복사하여 새 시트에 붙여넣고 [삽입] → [분산형차트]를 눌러 산점도를 그려준다. 차트 요소에서 축 제목과 추세선을 체크한다. 축 제목은 단위를 함께 쓰고, 추세선은 서식에서 색과 대시 종류를 변경한다.

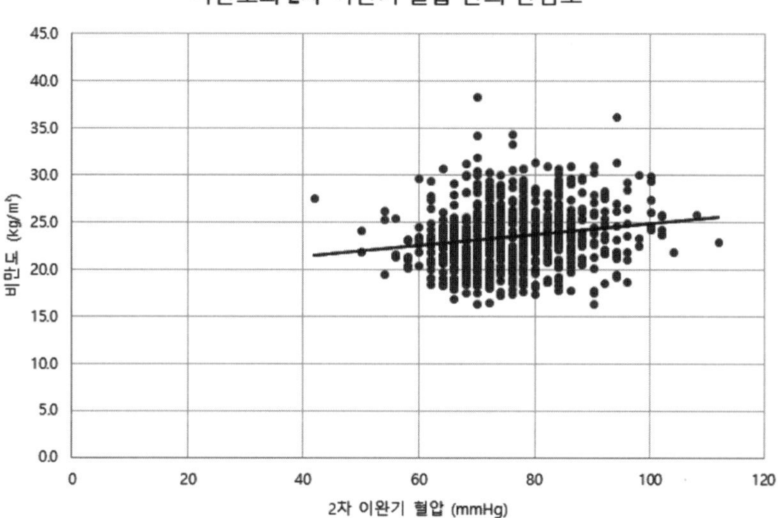

④ 상관계수와 p-value 구하기

ⓐ 상관계수를 구하기 위해 [데이터 분석] → [상관분석]을 클릭하고 입력 범위에 두 변수의 전체 범위를 선택한 후 [확인]을 누른다. 상관분석 결과, 상관계수 r은 0.18이다.

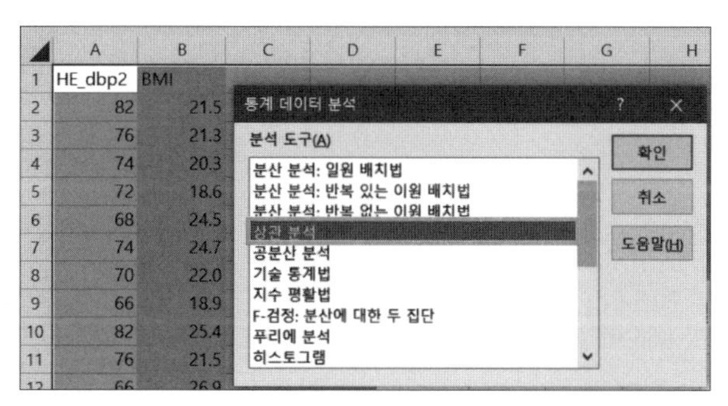

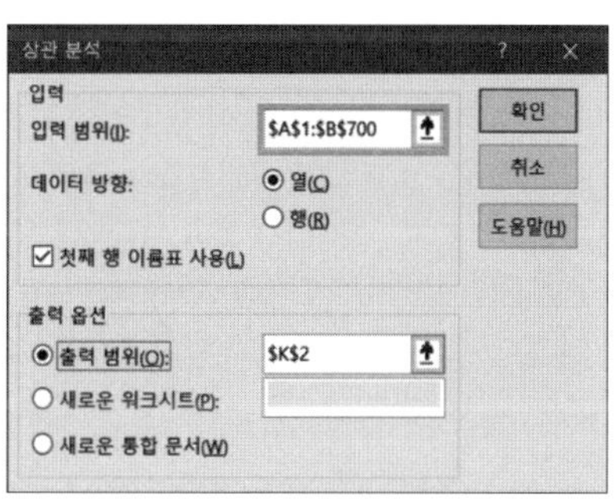

ⓑ 검정에 필요한 p-value를 구하기 위해 먼저 검정통계량을 구하고, 수식을 이용하여 p-value를 구한다. 결과로 나온 p-value는 1.23E-05, 즉 0.0000123으로 0.0001보다 작기 때문에 <0.0001로 표기한다.

K	L	M	N
	HE_dbp2	BMI	
HE_dbp2	1		
BMI	0.177274	1	
검정통계량	=L4/SQRT((1-L4^2)/(699-2))		
p-value	SQRT(number)		

검정통계량

K	L	M	N
	HE_dbp2	BMI	
HE_dbp2	1		
BMI	0.177274	1	
검정통계량	4.755475		
p-value	=T.DIST.2T(L6, 699-2)		
	T.DIST.2T(x, deg_freedom)		

p-value

⑤ 결과 해석

상관계수와 p-value를 산점도에 표시하고 결과를 해석한다.

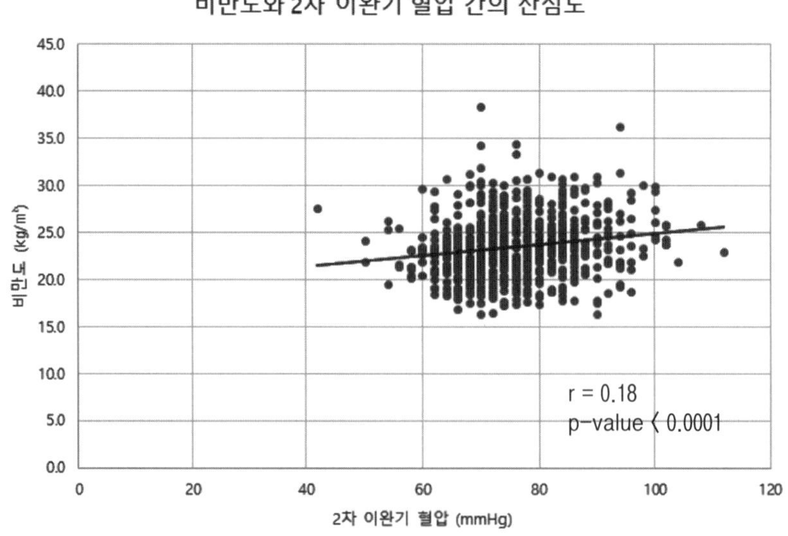

→ p-value가 〈0.0001로 유의수준 0.05보다 작아 귀무가설을 기각할 수 있다. 즉, 유의수준 0.05 하에서 비만도가 증가할수록 2차 이완기 혈압도 양의 방향으로 통계적으로 유의하게 증가한다고 할 수 있다(r=0.18, p 〈 0.0001). 그러나 상관계수가 0.18이므로 두 변수 간 상관성은 높은 편은 아니라고 할 수 있다.

Q10 몸무게(HE_wt)는 2차 수축기 혈압(HE_sbp2)에 어떤 영향을 미치는가? 성별(sex), 연령(age), 주관적 건강상태(D_1_1)로 보정한다.

한 변수가 다른 변수에 어떤 영향을 미치는지 알아보는 것이므로 회귀분석을 실시해야 한다.

참고: 〈같이 해보기 5-6: 비만도(BMI)는 1차 수축기 혈압에 영향을 미치는가?〉

〈같이 해보기 5-8: 비만도(BMI)는 1차 수축기 혈압에 영향을 미치는가? (성별과 생애주기별 연령군을 보정했을 때)〉

① 가설 설정

- 귀무가설: 몸무게는 2차 수축기 혈압에 영향을 미치지 않는다.
- 대립가설: 몸무게는 2차 수축기 혈압에 영향을 미친다.

② 분석전략 설정

두 변수 몸무게(HE_wt)와 2차 수축기 혈압(HE_sbp2)의 시간적 선후관계가 명확하고, 몸무게는 연속형 변수이므로 독립변수가 연속형인 단순 선형 회귀분석을 먼저 실시한다. 그런 다음 보정변수인 성별(sex), 연령(age), 주관적 건강상태(D_1_1)를 포함하여 총 4개의 독립변수로 다중 선형 회귀분석을 실시한다.

③ 표 틀 만들기

필요한 변수들을 모두 복사하여 새로운 시트에 붙여넣는다. 다중 선형 회귀분석에서 쓸 보정변수에 대한 더미변수도 미리 만들어놓는다. 주관적 건강상태(D_1_1)의 범주는 5개이므로 총 4개의 더미변수를 생성한다(D_2, D_3, D_4, D_5).

D_2 = IF(I2 = 2, 1, 0)	D_4 = IF(I2 = 4, 1, 0)
D_3 = IF(I2 = 3, 1, 0)	D_5 = IF(I2 = 5, 1, 0)

	A	B	C	D	E	F	G	H	I
1	HE_sbp2	HE_wt	sex	age	D_2	D_3	D_4	D_5	D_1_1
2	152	59.7	1	76	1	0	0	0	2
3	114	62.7	1	39	1	0	0	0	2

다중 선형 회귀분석에서 범위를 선택할 때 띄엄띄엄 있는 변수를 선택하려고 하면 아래와 같은 경고창이 뜬다. 따라서 처음부터 모든 변수의 위치를 위와 같이 지정해놓는 게 편하다.

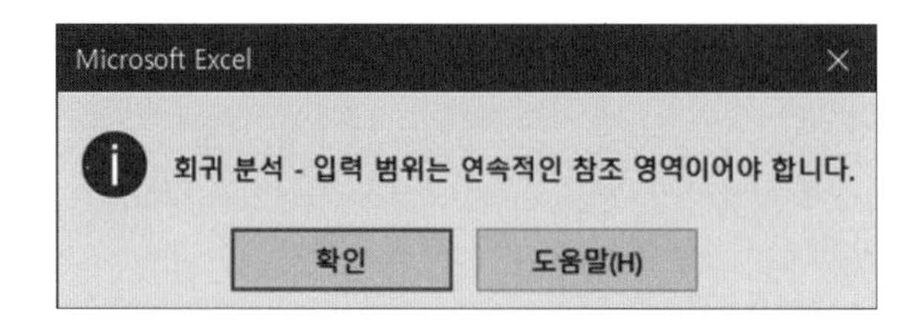

이제 표 틀을 만든다. 단순 선형 회귀분석의 결과는 Crude model, 다중 선형 회귀분석의 결과는 Adjusted model에 쓰고, 맨 아래에는 각 분석법을 사용하였다고 적는다.

Table. Effect of Weight on Systolic Blood Pressure

	Systolic Blood Pressure (mmHg)					
	Crude model			Adjusted model		
	β1	SE	p-value	β2	SE	p-value
Weight (kg)						

β1 and p-value estimated using linear regression model

β2 and p-value estimated using linear regression model adjusted for sex, age, self-rated health

④ 회귀계수와 p-value

ⓐ 단순 선형 회귀분석

[데이터 분석] → [회귀분석]을 클릭한다. Y축 입력 범위에 2차 수축기 혈압(HE_sbp2)을, X축 입력 범위에 몸무게(HE_wt)를 선택한다.

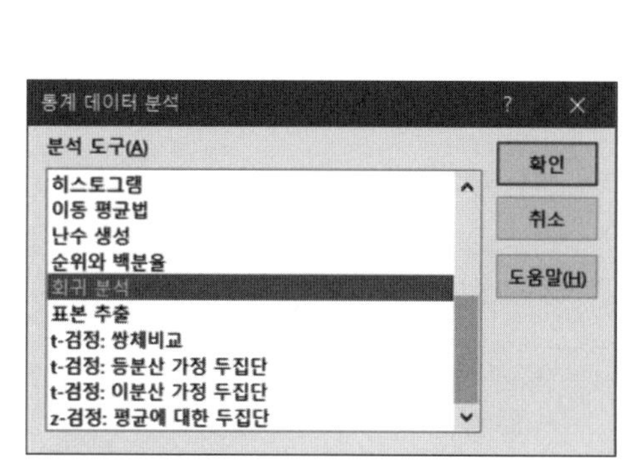

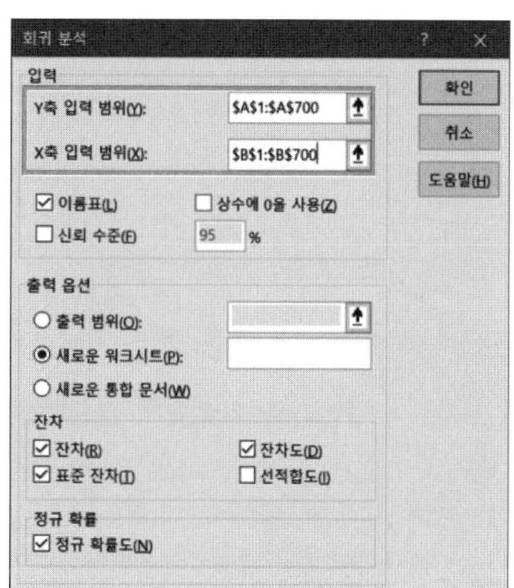

HE_wt의 계수와 표준오차, p값을 확인한다.

	계수	표준 오차	t 통계량	P-값	하위 95%	상위 95%	하위 95.0%	상위 95.0%
Y 절편	108.101	3.646213	29.64748	1.3E-125	100.9422	115.2599	100.9422	115.2599
HE_wt	0.149444	0.056532	2.643525	0.008389	0.03845	0.260438	0.03845	0.260438

베타(β) SE(표준 오차) p-value

ⓑ 다중 선형 회귀분석

[데이터 분석] → [회귀분석]을 클릭한다. Y축 입력 범위에 2차 수축기 혈압(HE_sbp2)을, X축 입력 범위에 HE_wt, sex, age, D_2, D_3, D_4, D_5를 선택한다.

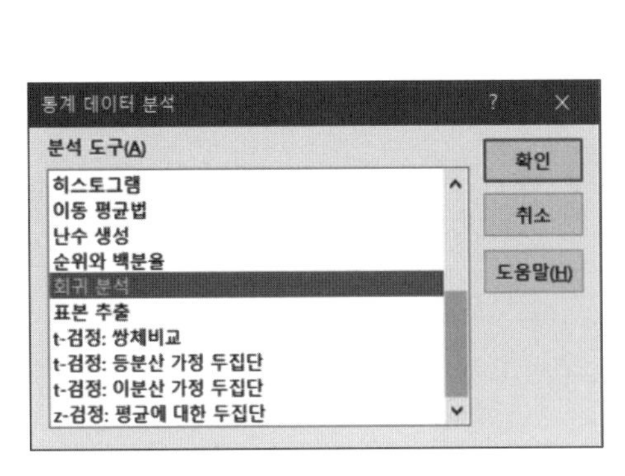

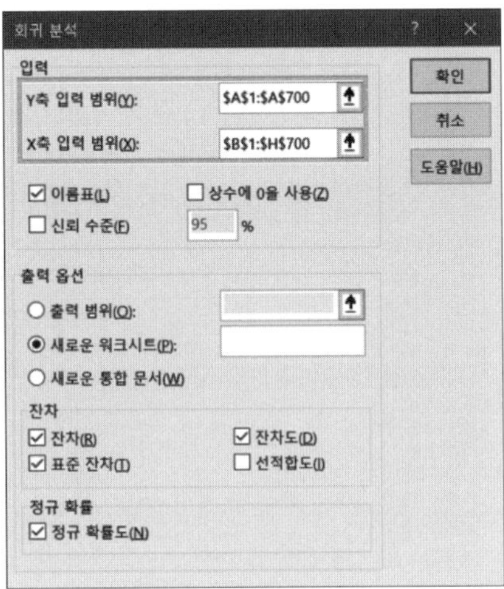

HE_wt의 계수와 표준오차, p값을 확인한다.

	계수	표준 오차	t 통계량	P-값	하위 95%	상위 95%	하위 95.0%	상위 95.0%
Y 절편	76.03358	6.847526	11.1038	1.79E-26	62.58913	89.47804	62.58913	89.47804
HE_wt	0.200657	0.062681	3.20122	0.001431	0.077588	0.323726	0.077588	0.323726
sex	-2.5196	1.490616	-1.69031	0.091419	-5.44628	0.407075	-5.44628	0.407075
age	0.522623	0.037374	13.9837	2.61E-39	0.449243	0.596002	0.449243	0.596002
D_2	6.203453	2.986064	2.077468	0.038127	0.340606	12.0663	0.340606	12.0663
D_3	7.978444	2.903898	2.747494	0.006162	2.276922	13.67997	2.276922	13.67997
D_4	6.419054	3.233095	1.985421	0.047493	0.071186	12.76692	0.071186	12.76692
D_5	14.65244	5.105696	2.869823	0.004233	4.627903	24.67698	4.627903	24.67698
	베타(β)	SE(표준 오차)		p-value				

⑤ 결과 해석

Table. Effect of Weight on Systolic Blood Pressure

	Systolic Blood Pressure (mmHg)					
	Crude model			Adjusted model		
	β1	SE	p-value	β2	SE	p-value
Weight (kg)	0.15	0.06	0.008	0.2	0.06	0.001

β1 and p-value estimated using linear regression model

β2 and p-value estimated using linear regression model adjusted for sex, age, self-rated health

→ p-value가 0.008, 0.0001로 유의수준 0.05보다 작아 귀무가설을 기각할 수 있다. 따라서 몸무게는 2차 수축기 혈압에 영향을 미치며, 몸무게가 1단위(㎏) 증가할 때 2차 수축기 혈압은 0.15mmHg만큼 통계적으로 유의하게 증가한다고 할 수 있다(p=0.008). 또한 성별, 연령, 주관적 건강상태를 보정하였을 때 몸무게가 1단위(㎏) 증가할 때마다 2차 수축기 혈압은 0.2mmHg만큼 통계적으로 유의하게 증가한다고 할 수 있다(p=0.001).

Q11 연령(age_gr3)은 2차 수축기 혈압(HE_sbp2)에 어떤 영향을 미치는가? 성별(sex), 비만도(BMI_gr), 주관적 건강상태(D_1_1)로 보정한다.

한 변수가 다른 변수에 어떤 영향을 미치는지 알아보는 것이므로 회귀분석을 실시해야 한다.

참고: 〈같이 해보기 5-7: 비만도(BMI_gr)는 1차 수축기 혈압에 영향을 미치는가?〉

〈같이 해보기 5-9: 비만도(BMI_gr)는 1차 수축기 혈압에 영향을 미치는가? (성별과 생애주기별 연령군을 보정했을 때)〉

① 가설 설정

- 귀무가설: 연령은 2차 수축기 혈압에 영향을 미치지 않는다.
- 대립가설: 연령은 2차 수축기 혈압에 영향을 미친다.

② 분석전략 설정

두 변수 생애주기별 연령군(age_gr3)과 2차 수축기 혈압(HE_sbp2)의 시간적 선후관계가 명확하고, 생애주기별 연령군은 범주형 변수이므로 독립변수가 범주형인 단순 선형 회귀분석을 먼저 실시한다. 그런 다음 보정변수인 성별(sex), 비만도(BMI_gr), 주관적 건강상태(D_1_1)를 포함하여 총 4개의 독립변수로 다중 선형 회귀분석을 실시한다.

③ 표 틀 만들기

필요한 변수들을 모두 복사하여 새로운 시트에 붙여넣는다. 독립변수 age_gr3가 범주형이기 때문에 이에 대한 더미변수(age_gr32, age_gr33)를 생성해야 한다. 또한 다중 선형 회귀분석에서 쓸 보정변수에 대한 더미변수도 미리 만들어놓는다. 주관적 건강상태(D_1_1)의 범주는 5개이므로 4개의 더미변수를 만들고, 비만도(BMI_gr)의 범주는 3개이므로 2개의 더미변수를 생성한다(D_2, D_3, D_4, D_5, BMI_gr2, BMI_gr3).

age_gr32 = IF(B2 = 2, 1, 0)	D_2 = IF(L2 = 2, 1, 0)	BMI_gr2 = IF(M2 = 2, 1, 0)
age_gr33 = IF(B2 = 3, 1, 0)	D_3 = IF(L2 = 3, 1, 0)	BMI_gr3 = IF(M2 = 3, 1, 0)
	D_4 = IF(L2 = 4, 1, 0)	
	D_5 = IF(L2 = 5, 1, 0)	

	A	B	C	D	E	F	G	H	I	J	K	L	M
1	HE_sbp2	age_gr3	age_gr32	age_gr33	sex	D_2	D_3	D_4	D_5	BMI_gr2	BMI_gr3	D_1_1	BMI_gr
2	152	3	0	1	1	1	0	0	0	0	0	2	1
3	114	1	0	0	1	1	0	0	0	0	0	2	1
4	104	1	0	0	2	1	0	0	0	0	0	2	1
5	102	3	0	1	1	0	1	0	0	0	0	3	1
6	116	3	0	1	2	0	1	0	0	0	0	3	1
7	104	1	0	0	1	0	1	0	0	0	0	3	1
8	102	1	0	0	2	1	0	0	0	0	0	2	1
9	96	2	1	0	2	0	1	0	0	0	0	3	1

이제 표 틀을 만들고 피벗 테이블을 이용하여 N을 채운다. 단순 선형 회귀분석의 결과는 Crude model, 다중 선형 회귀분석의 결과는 Adjusted model에 쓰고, 표의 맨 아래(footnote)에는 각 분석법을 사용하였다고 적는다. 또한 기준이 되는 범주에 ref라고 표시한다.

Table. Effect of Age group on Systolic Blood Pressure (mmHg)

		Systolic Blood Pressure (mmHg)					
		Crude model			Adjusted model		
	N	β1	SE	p-value	β2	SE	p-value
Age group (years)							
<45	285	ref			ref		
45-64	271						
65+	143						

β1 and p-value estimated using linear regression model

β2 and p-value estimated using linear regression model adjusted for sex, BMI, and self-rated health

④ 회귀계수와 p-value

ⓐ 단순 선형 회귀분석

[데이터 분석] → [회귀분석]을 클릭하고, Y축 입력 범위에 2차 수축기 혈압(HE_sbp2)을 선택하고, X축 입력 범위에 age_gr32, age_gr33를 선택한다.

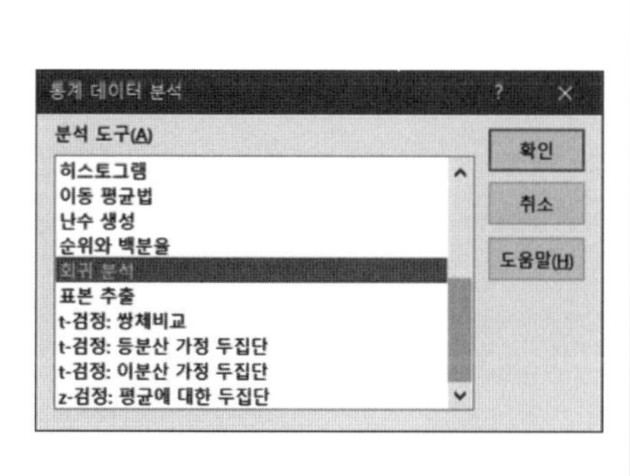

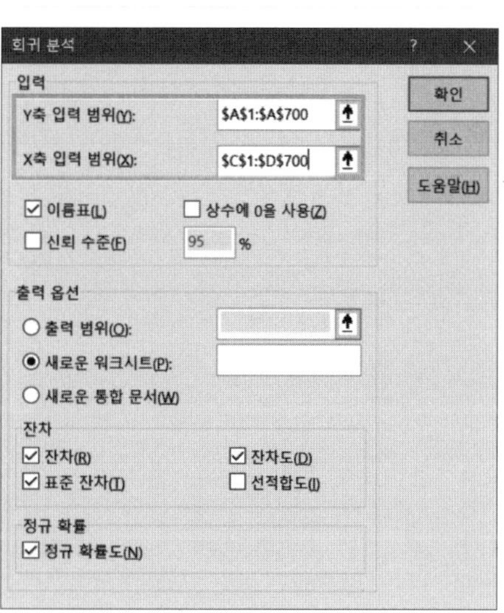

age_gr32, age_gr33의 계수와 표준오차, p값을 확인한다.

	계수	표준 오차	t 통계량	P-값	하위 95%	상위 95%	하위 95.0%	상위 95.0%
Y 절편	108.8702	0.944382	115.282	0	107.016	110.7244	107.016	110.7244
age_gr32	11.82355	1.352696	8.740729	1.72E-17	9.167697	14.47941	9.167697	14.47941
age_gr33	20.1508	1.63381	12.33363	9.46E-32	16.94302	23.35859	16.94302	23.35859
	베타(β)	SE(표준 오차)		p-value				

ⓑ 다중 선형 회귀분석

[데이터 분석] → [회귀분석]을 클릭하고, Y축 입력 범위에 2차 수축기 혈압(HE_sbp2)을 선택하고, X축 입력 범위에 연령군 변수(age_gr3)의 더미변수인 age_gr32, age_gr33와 sex, 주관적 건강수준 변수(D_1_1)의 더미변수인 D_2, D_3, D_4, D_5, 그리고 비만도 변수(BMI_gr)의 더미변수인 BMI_gr2, BMI_gr3를 선택한다. 이때 더미변수만을 선택하고 원변수는 선택하지 않도록 한다.

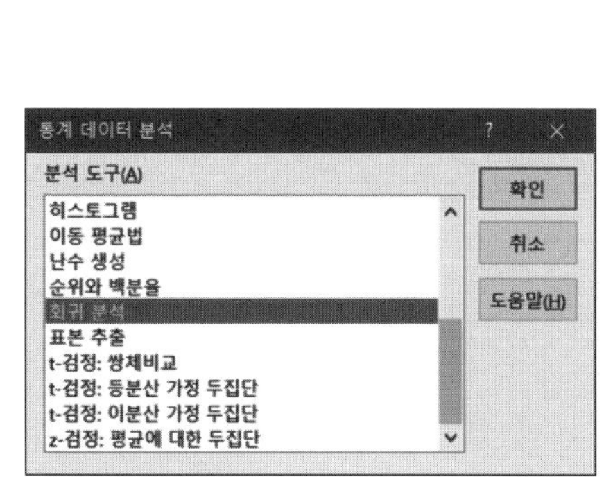

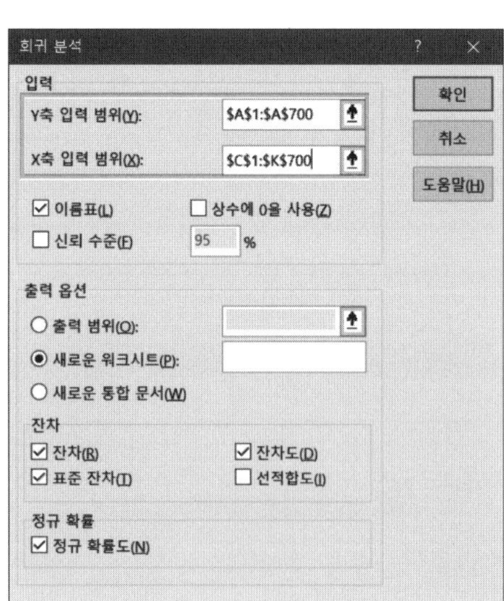

age_gr32, age_gr33의 계수와 표준오차, p값을 확인한다.

	계수	표준 오차	t 통계량	P-값	하위 95%	상위 95%	하위 95.0%	상위 95.0%
Y 절편	108.597	3.372598	32.1998	1.6E-139	101.9752	115.2188	101.9752	115.2188
age_gr32	11.42473	1.338405	8.536078	8.84E-17	8.796891	14.05258	8.796891	14.05258
age_gr33	19.33378	1.6231	11.91164	7.04E-30	16.14696	22.52059	16.14696	22.52059
sex	-4.39718	1.230671	-3.57299	0.000378	-6.81349	-1.98086	-6.81349	-1.98086
D_2	5.315003	3.027061	1.75583	0.079562	-0.62837	11.25837	-0.62837	11.25837
D_3	6.941957	2.9505	2.352807	0.018913	1.148908	12.73501	1.148908	12.73501
D_4	5.392831	3.278887	1.644714	0.100485	-1.04498	11.83064	-1.04498	11.83064
D_5	12.22107	5.200309	2.350065	0.019051	2.010712	22.43142	2.010712	22.43142
BMI_gr2	4.786448	1.393458	3.434943	0.000628	2.050515	7.522381	2.050515	7.522381
BMI_gr3	5.161746	3.162832	1.632001	0.103136	-1.0482	11.37169	-1.0482	11.37169
	베타(β)	SE(표준 오차)		p-value				

⑤ 결과 해석

Table. Effect of Age group on Systolic Blood Pressure (mmHg)

		Systolic Blood Pressure (mmHg)					
		Crude model			Adjusted model		
	N	β1	SE	p-value	β2	SE	p-value
Age group (years)							
<45	285	ref			ref		
45-64	271	11.82	1.35	<0.0001	11.42	1.34	<0.0001
65+	143	20.15	1.63	<0.0001	19.33	1.62	<0.0001

β1 and p-value estimated using linear regression model

β2 and p-value estimated using linear regression model adjusted for sex, BMI, and self-rated health

→ 45세 이상 65세 미만 그룹은 45세 미만 그룹에 비해 2차 수축기 혈압이 11.82mmHg만큼 통계적으로 유의하게 높았고(p 〈 0.0001), 65세 이상 그룹은 45세 미만 그룹에 비해 2차 수축기 혈압이 20.15mmHg만큼 통계적으로 유의하게 높았다(p 〈 0.0001). 또한 성별, 비만도, 주관적 건강상태를 보정했을 때, 45세 이상 65세 미만 그룹은 45세 미만 그룹에 비해 2차 수축기 혈압이 11.42mmHg만큼 통계적으로 유의하게 높았고(p 〈 0.0001), 65세 이상 그룹은 45세 미만 그룹에 비해 2차 수축기 혈압이 19.33mmHg만큼 통계적으로 유의하게 높았다(p 〈 0.0001). 따라서 연령이 증가할수록 수축기 혈압도 증가하는 관련성이 있다고 할 수 있다.

Q12 3차 수축기 혈압(HE_sbp3)은 당뇨병 유병률(DE1_dg)에 어떤 영향을 미치는가? 성별(sex), 생애주기별 연령군(age_gr3)으로 보정한다.

독립변수가 이분형 종속변수에 어떤 영향을 미치는지 알아보는 것이므로 로지스틱 회귀분석을 실시해야 한다.

참고: 〈같이 해보기 5-10: 비만도(BMI)는 고혈압 유병률(DI1_dg)에 영향을 미치는가?〉
〈같이 해보기 5-11: 비만도(BMI)는 고혈압 유병률(DI1_dg)에 영향을 미치는가? (성별과 생애주기별 연령군을 보정했을 때)〉

① 가설 설정

- 귀무가설: 3차 수축기 혈압은 당뇨병 유병률에 영향을 미치지 않는다.
- 대립가설: 3차 수축기 혈압은 당뇨병 유병률에 영향을 미친다.

② 분석전략 설정

두 변수 3차 수축기 혈압(HE_sbp3)과 당뇨병 유병률(DE1_dg)의 시간적 선후관계가 명확하고, 3차 수축기 혈압은 연속형 변수이므로 독립변수가 연속형인 로지스틱 회귀분석을 실시한다. 그런 다음 보정변수인 성별(sex), 생애주기별 연령군(age_gr3)을 포함하여 총 3개의 독립변수로 로지스틱 회귀분석을 실시한다.

③ 표 틀 만들기

필요한 변수들을 모두 복사하여 새로운 시트에 붙여넣는다. 다중 모형에서 쓸 생애주기별 연령군에 대한 더미변수 age_gr32, age_gr33를 미리 만든다.

	A	B	C	D	E	F
1	HE_sbp3	sex	age_gr32	age_gr33	DE1_dg	age_gr3
2	146	1	0	1	0	3
3	116	1	0	0	0	1
4	106	2	0	0	0	1
5	102	1	0	1	0	3
6	114	2	0	1	0	3
7	104	1	0	0	0	1
8	102	2	0	0	0	1
9	94	2	1	0	0	2

이제 표 틀을 만든다. 단순 모형의 결과는 Crude model, 다중 모형의 결과는 Adjusted model에 쓰고, 표의 맨 아래(footnote)에는 활용한 분석방법을 적는다.

Table. Odds Ratio and 95% CI for Diabetes according to Systolic Blood Pressure

	Diabetes			
	Crude model		Adjusted model	
	cOR	95% CI	aOR	95% CI
Systolic Blood Pressre (mmHg)				

cOR and 95% CI estimated using logistic regression model

cOR and 95% CI estimated using logistic regression model adjusted for se and age

④ OR과 95% CI 확인

ⓐ 단순 모형

[RegressIt] → [Utilities]에서 [Select Data]를 눌러 데이터를 선택한 후 [Create Names]에서 첫 행을 체크한다. 다음으로 [Logistic Regression] 버튼을 눌러 종속변수와 독립변수를 선택하고, [Logit & Exponentiated]을 체크한 후 [Run]을 누른다. 단순 모형이기 때문에 독립변수는 3차 수축기 혈압(HE_sbp3)만을 선택한다.

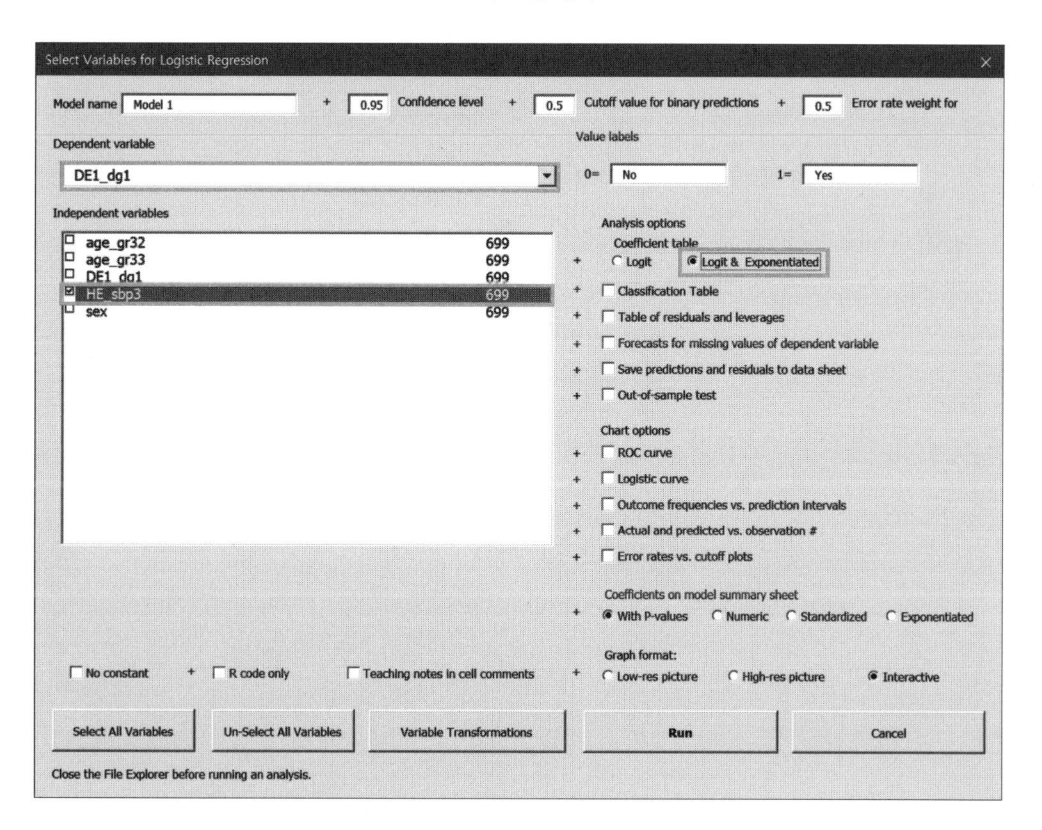

OR과 95% CI를 확인한다.

Model: Model 1
Binary Dependent Variable: DE1_dg1 | 0-1 value labels: No | Yes

Logistic Regression Statistics: Model 1 for DE1_dg1 (1 variable, n=699)

R-squared (McFadden)	Adj.R-Sqr.	RMSE	Mean	# Fitted	ROC area	Critical z	Conf. level
0.016	0.006	0.273	0.082	699	0.00	1.960	95.0%

Logistic Regression Coefficient Estimates: Model 1 for DE1_dg1 (1 variable, n=699)

Variable	Coefficient	Std.Err.	z-statistic	P-value	Lower95%	Upper95%	VIF	Std. coeff.
Constant	-4.607	0.857	-5.378	0.000	-6.286	-2.928		
HE_sbp3	0.018	0.006958	2.641	0.008	0.004738	0.032	1.000	0.175

Exponentiated Coefficients (Odds Ratios): Model 1 for DE1_dg1 (1 variable, n=699)

Variable	Exp(Coeff)	Exp(z*SE)	Lower95.0%	Upper95.0%	Exp(Std.coeff.)
HE_sbp3	1.019	1.014	1.005	1.033	1.191

OR　95% CI

Analysis of Deviance: Model 1 for DE1_dg1 (1 variable, n=699)

Correlation Matrix of Coefficient Estimates : Model 1 for DE1_dg1 (1 variable, n=699)

ⓑ 다중 모형

[RegressIt] - [Utilities]에서 [Select Data]를 눌러 데이터를 선택한 후 [Create Names]에서 첫 행을 체크한다. [Logistic Regression] 버튼을 눌러 종속변수와 독립변수를 선택하고, [Logit & Exponentiated]을 체크하고 [Run]을 누른다. 다중 모형이기 때문에 독립변수는 3차 수축기 혈압(HE_sbp3), 보정변수(age_gr32, age_gr33, sex)를 선택한다.

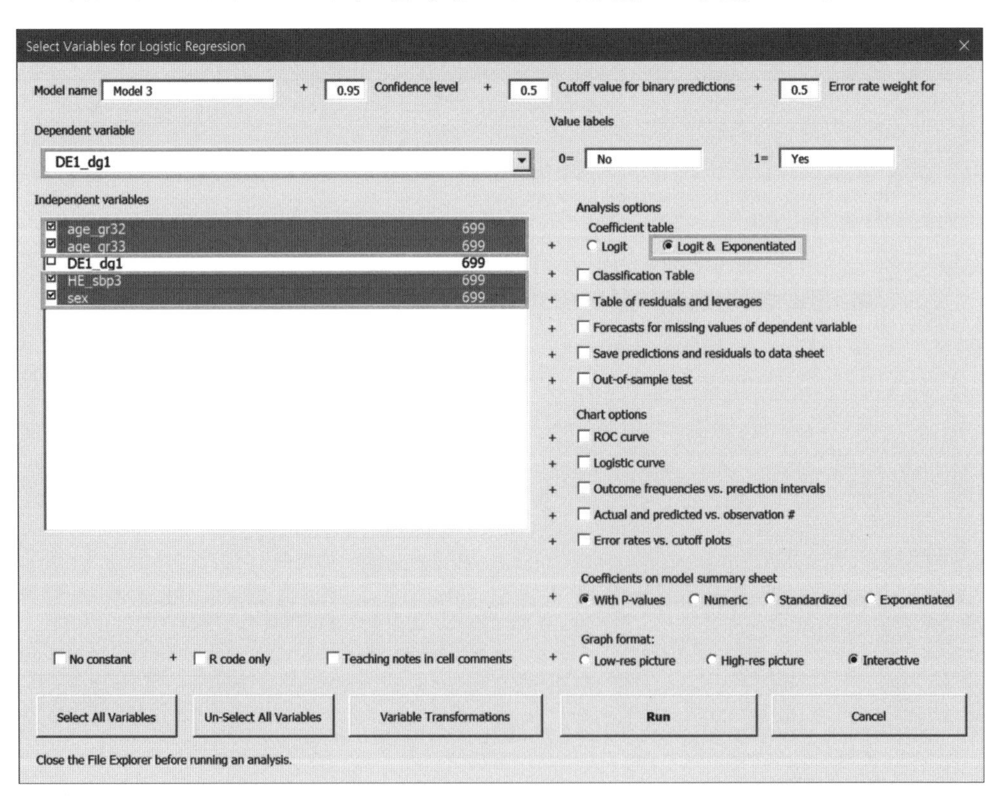

OR과 95% CI를 확인한다.

Model: Model 3
Binary Dependent Variable: DE1_dg1 — 0-1 value labels: No | Yes

Logistic Regression Statistics: Model 3 for DE1_dg1 (4 variables, n=699)

R-squared (McFadden)	Adj.R-Sqr.	RMSE	Mean	# Fitted	ROC area	Critical z	Conf. level
0.124	0.099	0.263	0.082	699	0.75	1.960	95.0%

Logistic Regression Coefficient Estimates: Model 3 for DE1_dg1 (4 variables, n=699)

Variable	Coefficient	Std.Err.	z-statistic	P-value	Lower95%	Upper95%	VIF	Std. coeff.
Constant	-4.321	1.121	-3.854	0.000	-6.519	-2.124		
age_gr32	1.891	0.556	3.398	0.001	0.800	2.982	1.324	0.508
age_gr33	2.991	0.569	5.254	0.000	1.875	4.106	1.450	0.666
HE_sbp3	-0.002250	0.008243	-0.273	0.785	-0.018	0.014	1.256	-0.021
sex	0.196	0.294	0.666	0.505	-0.380	0.771	1.029	0.053

Exponentiated Coefficients (Odds Ratios): Model 3 for DE1_dg1 (4 variables, n=699)

Variable	Exp(Coeff)	Exp(z*SE)	Lower95.0%	Upper95.0%	Exp(Std.coeff.)
age_gr32	6.626	2.976	2.226	19.719	1.662
age_gr33	19.899	3.051	6.522	60.717	1.946
HE_sbp3	OR 0.998	1.016	0.982	1.014	0.979
sex	1.216	1.778	0.684	2.162	1.055

95% CI

Analysis of Deviance: Model 3 for DE1_dg1 (4 variables, n=699)

Correlation Matrix of Coefficient Estimates : Model 3 for DE1_dg1 (4 variables, n=699)

⑤ 결과 해석

Table. Odds Ratio and 95% CI for Diabetes according to Systolic Blood Pressure

	Diabetes					
	Crude model			Adjusted model		
	cOR	95% CI		aOR	95% CI	
Systolic Blood Pressre (mmHg)	1.02	1.01	1.03	1.00	0.98	1.01

cOR and 95% CI estimated using logistic regression model
cOR and 95% CI estimated using logistic regression model adjusted for sex and age

→ 3차 수축기 혈압이 1단위(mmHg) 증가할 때 당뇨병 유병 위험도는 1.02배(95% CI: 1.01, 1.03) 통계적으로 유의하게 증가하였다. 이때 95% 신뢰구간이 1을 포함하지 않으므로 통계적으로 유의하다고 할 수 있다. 반면 성별과 연령을 보정하였을 때, 3차 수축기 혈압이 1단위(mmHg) 증가할 때 당뇨병 유병 위험도는 1.00배(95% CI: 0.98, 1.01)로 증가하지 않았으며, 95% 신뢰구간이 1을 포함하므로 통계적으로 유의하지 않다고 할 수 있다.

Q13 3차 수축기 혈압 수준(sbp3_gr)은 당뇨병 유병률(DE1_dg)에 어떤 영향을 미치는가? 성별(sex), 생애주기별 연령군(age_gr3)으로 보정한다.

독립변수가 이분형 종속변수에 어떤 영향을 미치는지 알아보는 것이므로 로지스틱 회귀분석을 실시해야 한다.

참고: 〈같이 해보기 5-10: 비만도(BMI)는 고혈압 유병률(DI1_dg)에 영향을 미치는가?〉
〈같이 해보기 5-11: 비만도(BMI)는 고혈압 유병률(DI1_dg)에 영향을 미치는가? (성별과 생애주기별 연령군을 보정했을 때)〉

① 가설 설정

- 귀무가설: 3차 수축기 혈압 수준은 당뇨병 유병률에 영향을 미치지 않는다.
- 대립가설: 3차 수축기 혈압 수준은 당뇨병 유병률에 영향을 미친다.

② 분석전략 설정

두 변수 3차 수축기 혈압(sbp_gr3)과 당뇨병 유병률(DE1_dg)의 시간적 선후관계가 명확하고, 3차 수축기 혈압은 범주형 변수이므로 독립변수가 범주형인 로지스틱 회귀분석을 실시한다. 그런 다음 보정변수인 성별(sex), 생애주기별 연령군(age_gr3)을 포함하여 총 3개의 독립변수로 로지스틱 회귀분석을 실시한다.

③ 표 틀 만들기

필요한 변수들을 모두 복사하여 새로운 시트에 붙여넣는다. 범주형인 독립변수 sbp_gr3에 대하여 더미변수인 sbp3_2, sbp3_3를 만들고, 다중 모형에서 쓸 생애주기별 연령군에 대한 더미변수 age_gr32, age_gr33도 미리 만든다.

	A	B	C	D	E	F	G	H	I
1	sex	age_gr3	age_gr32	age_gr33	sbp3_gr	sbp3_2	sbp3_3	DE1_dg	
2	1	3	0	1	3	0	1	0	
3	1	1	0	0	1	0	0	0	
4	2	1	0	0	1	0	0	0	
5	1	3	0	1	1	0	0	0	
6	2	3	0	1	1	0	0	0	
7	1	1	0	0	1	0	0	0	
8	2	1	0	0	1	0	0	0	
9	2	2	1	0	1	0	0	0	
10	2	3	0	1	2	1	0	1	
11	2	1	0	0	1	0	0	0	
12	2	3	0	1	2	1	0	1	

이제 표 틀을 만든다. 단순 모형의 결과는 Crude model, 다중 모형의 결과는 Adjusted model에 쓰고, 표의 맨 아래(footnote)에는 활용한 분석방법을 적는다.

Table. Odds Ratio and 95% CI for Diabetes according to Systolic Blood Pressure Group

			Diabetes			
			Crude model		Adjusted model	
	N	Case	cOR	95% CI	aOR	95% CI
Systolic Blood Pressre (mmHg)						
Normal (<120)	410	25	1	ref	1	ref
Pre-Hypertension (120-140)	177	25				
Hypertension (140+)	55	7				

cOR and 95% CI estimated using logistic regression model

cOR and 95% CI estimated using logistic regression model adjusted for sex and age

④ OR과 95% CI 확인

ⓐ 단순 모형

[RegressIt] → [Utilities]에서 [Select Data]를 눌러 데이터를 선택한 후 [Create Names]에서 첫 행을 체크한다. 다음으로 [Logistic Regression] 버튼을 눌러 종속변수와 독립변수를 선택한 후 [Logit & Exponentiated]을 체크하고 [Run]을 누른다. 단순 모형이기 때문에 독립변수는 3차 수축기 혈압 수준의 더미변수인 sbp3_2, sbp3_3만 선택한다.

Select Variables for Logistic Regression

Model name [Model 1] + [0.95] Confidence level + [0.5] Cutoff value for binary predictions + [0.5] Error rate weight for

Dependent variable

DE1_dg

Value labels

0= No 1= Yes

Independent variables

	Variable	
☐	age_gr3	699
☐	age_gr32	699
☐	age_gr33	699
☐	DE1_dg	699
☑	sbp3_2	699
☑	sbp3_3	699
☐	sbp3_gr	699
☐	sex	699

Analysis options

Coefficient table

+ ○ Logit ◉ Logit & Exponentiated

+ ☐ Classification Table

+ ☐ Table of residuals and leverages

+ ☐ Forecasts for missing values of dependent variable

+ ☐ Save predictions and residuals to data sheet

+ ☐ Out-of-sample test

Chart options

+ ☐ ROC curve

+ ☐ Logistic curve

+ ☐ Outcome frequencies vs. prediction intervals

+ ☐ Actual and predicted vs. observation #

+ ☐ Error rates vs. cutoff plots

Coefficients on model summary sheet

+ ◉ With P-values ○ Numeric ○ Standardized ○ Exponentiated

Graph format:

☐ No constant + ☐ R code only ☐ Teaching notes in cell comments + ○ Low-res picture ○ High-res picture ◉ Interactive

Select All Variables | Un-Select All Variables | Variable Transformations | Run | Cancel

Close the File Explorer before running an analysis.

OR과 95% CI를 확인한다.

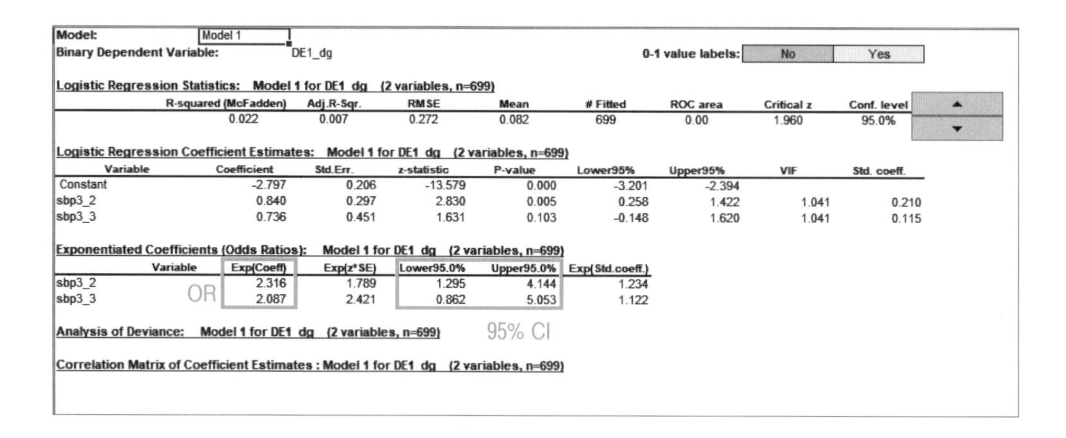

Model: Model 1

Binary Dependent Variable: DE1_dg

0-1 value labels: No Yes

Logistic Regression Statistics: Model 1 for DE1_dg (2 variables, n=699)

R-squared (McFadden)	Adj.R-Sqr.	RMSE	Mean	# Fitted	ROC area	Critical z	Conf. level
0.022	0.007	0.272	0.082	699	0.00	1.960	95.0%

Logistic Regression Coefficient Estimates: Model 1 for DE1_dg (2 variables, n=699)

Variable	Coefficient	Std.Err.	z-statistic	P-value	Lower95%	Upper95%	VIF	Std. coeff.
Constant	-2.797	0.206	-13.579	0.000	-3.201	-2.394		
sbp3_2	0.840	0.297	2.830	0.005	0.258	1.422	1.041	0.210
sbp3_3	0.736	0.451	1.631	0.103	-0.148	1.620	1.041	0.115

Exponentiated Coefficients (Odds Ratios): Model 1 for DE1_dg (2 variables, n=699)

Variable	Exp(Coeff)	Exp(z*SE)	Lower95.0%	Upper95.0%	Exp(Std.coeff.)
sbp3_2	2.316	1.789	1.295	4.144	1.234
sbp3_3	2.087	2.421	0.862	5.053	1.122

Analysis of Deviance: Model 1 for DE1_dg (2 variables, n=699)

Correlation Matrix of Coefficient Estimates : Model 1 for DE1_dg (2 variables, n=699)

ⓑ 다중 모형

[RegressIt] → [Utilities]에서 [Select Data]를 눌러 데이터를 선택한 후 [Create Names]에서 첫 행을 체크한다. 다음으로 [Logistic Regression] 버튼을 눌러 종속변수와 독립변수를 선택한 후 [Logit & Exponentiated]을 체크하고 [Run]을 누른다. 다중 모형이기 때문에 독립변수는 3차 수축기 혈압 수준의 더미변수(sbp3_2, sbp3_3), 보정변수(age_gr32, age_gr33, sex)를 선택한다.

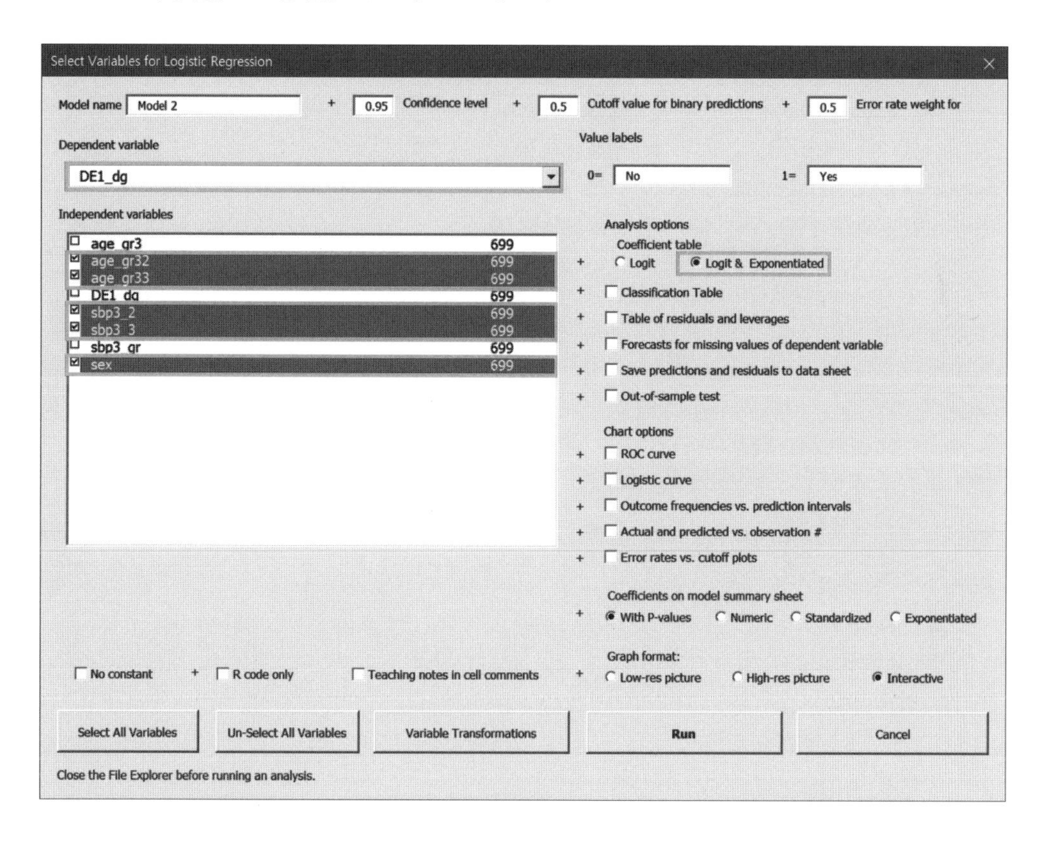

OR과 95% CI를 확인한다.

Model: Model 2
Binary Dependent Variable: DE1_dg   0-1 value labels: No | Yes

Logistic Regression Statistics: Model 2 for DE1_dg (5 variables, n=699)

R-squared (McFadden)	Adj.R-Sqr.	RMSE	Mean	# Fitted	ROC area	Critical z	Conf. level
0.128	0.097	0.263	0.082	699	0.76	1.960	95.0%

Logistic Regression Coefficient Estimates: Model 2 for DE1_dg (5 variables, n=699)

Variable	Coefficient	Std.Err.	z-statistic	P-value	Lower95%	Upper95%	VIF	Std. coeff.
Constant	-4.646	0.695	-6.688	0.000	-6.008	-3.285		
age_gr32	1.835	0.556	3.302	0.001	0.746	2.925	1.306	0.493
age_gr33	2.924	0.564	5.181	0.000	1.818	4.030	1.411	0.651
sbp3_2	0.256	0.316	0.811	0.417	-0.363	0.876	1.180	0.064
sbp3_3	-0.250	0.475	-0.526	0.599	-1.181	0.681	1.177	-0.039
sex	0.221	0.294	0.751	0.453	-0.356	0.798	1.036	0.060

Exponentiated Coefficients (Odds Ratios): Model 2 for DE1_dg (5 variables, n=699)

Variable	Exp(Coeff)	Exp(z*SE)	Lower95.0%	Upper95.0%	Exp(Std.coeff.)
age_gr32	6.267	2.973	2.108	18.630	1.638
age_gr33	18.613	3.022	6.159	56.254	1.917
sbp3_2	1.292	1.858	0.696	2.400	1.066
sbp3_3	0.779	2.537	0.307	1.976	0.962
sex	1.247	1.781	0.701	2.222	1.062

OR

95% CI

Analysis of Deviance: Model 2 for DE1_dg (5 variables, n=699)

Correlation Matrix of Coefficient Estimates : Model 2 for DE1_dg (5 variables, n=699)

⑤ 결과 해석

Table. Odds Ratio and 95% CI for Diabetes according to Systolic Blood Pressure Group

			Diabetes					
			Crude model			Adjusted model		
	N	Case	cOR	95% CI		aOR	95% CI	
Systolic Blood Pressre (mmHg)								
Normal (<120)	410	25	1	ref		1	ref	
Pre-Hypertension (120-140)	177	25	2.09	0.86	5.05	1.29	0.70	2.40
Hypertension (140+)	55	7	2.32	1.30	4.14	0.78	0.31	1.98

cOR and 95% CI estimated using logistic regression model

cOR and 95% CI estimated using logistic regression model adjusted for sex and age

→ 고혈압군은 정상군에 비해 당뇨병 유병 위험도가 2.32배(95% CI: 1.30, 4.14) 통계적으로 유의하게 증가하였다. 이때 95% 신뢰구간이 1을 포함하지 않으므로 통계적으로 유의하다고 할 수 있다. 성별과 연령을 보정했을 때는 모든 군에서 95% 신뢰구간이 1을 포함하므로 통계적으로 유의하지 않다고 할 수 있다.

알아두면 편리한 엑셀 함수

1) 연산기호

연산기호	기능
a + b	덧셈 (a 더하기 b)
a - b	뺄셈 (a 빼기 b)
a / b	나눗셈 (a 나누기 b)
a * b	곱셈 (a 곱하기 b)
a ^ b	제곱 (a의 b승)
AND(a, b)	그리고 (a와 b 동시에)
OR(a, b)	또는 (a 또는 b)

2) 함수

함수	기능
= ABS()	절댓값
= LOG()	로그함수
= SQRT()	제곱근
= AVERAGE()	산술평균
= GEOMEAN()	기하평균
= VAR()	분산
= STDEV()	표준편차
= SUM()	합
= MIN()	최솟값
= MAX()	최댓값
= MEDIAN()	중앙값
= IF(a, b, c)	a를 만족하면 b를 입력하고, 아니면 c
= QUOTIENT(a, b)	a를 b로 나눈 몫

찾아보기

A

C

I

O

P

R

T